# „Ich kann mich auf ihn verlassen ..."

Wie oft hört man diese Worte von einem tüchtigen Landwirt, wenn er von seinem FAHR-Dieselschlepper spricht. Und dieser einfache Satz bedeutet höchstes Lob, das man nur einem wirklich guten - eben einem Qualitäts-Erzeugnis - zuerkennt, dem ...

FAHR

**D 130 A / D 130 AH**

Jetzt
neues Getriebe
mit 8 Gängen

Verlag Podszun-Motorbücher GmbH
Elisabethstraße 23-25, D-59929 Brilon
Internet: www.podszun-verlag.de
Email: info@podszun-verlag.de

Herstellung Druckhaus Cramer, Greven

ISBN 978-3-86133-525-2



Titelfotos: oben links: Walter Langohr, oben rechts: Achim Bischof, unten: Udo Paulitz
Rückseite: Walter Langohr

# Jahrbuch 2010 Traktoren




PODSZUN

# Liebe Leserin, lieber Leser!

Dies ist die 15. Ausgabe des Jahrbuchs Traktoren. Wir freuen uns, Ihnen wieder interessante Themen rund um Ihr Hobby anbieten zu können. Dank gilt an dieser Stelle allen Autoren und Bildgebern, die in den letzten Wochen und Monaten mit Engagement und einer Menge Zeitaufwand gearbeitet haben, damit dieses Jahrbuch rechtzeitig zur Frankfurter Buchmesse erscheinen kann. Übrigens: Abbildungen, die nicht namentlich gekennzeichnet sind, wurden jeweils von den Verfassern der Artikel zur Verfügung gestellt.

Dank gilt auch Ihnen, liebe Leserin, lieber Leser, für die Zuschriften oder Telefonate, in denen Sie Kritik oder Zustimmung äußerten und Anregungen lieferten. Wir freuen uns auf den Kontakt mit Ihnen und sind gerne bereit, Ihre Wünsche zu berücksichtigen.

Wir wünschen Ihnen viel Vergnügen mit dem Jahrbuch und nicht vergessen: das nächste Jahrbuch Traktoren, die Ausgabe 2011, ist ab Oktober 2010 erhältlich.

Ihr Redaktionsteam „Jahrbuch Traktoren“

**P.S.**

Sie können das Jahrbuch in Buchhandlungen oder direkt beim Verlag abonnieren.
Von den Ausgaben 2003, 2004, 2005, 2006, 2008 und 2009 sind noch Restexemplare lieferbar.
Fordern Sie kostenlos und völlig unverbindlich unser Gesamtverzeichnis an
mit Büchern über Schwertransporte, Baumaschinen, Lastwagen, Autos, Motorräder,
Traktoren, Lokomotiven und Feuerwehrfahrzeuge:

Verlag Podszun-Motorbücher GmbH
Elisabethstraße 23-25, D-59929 Brilon, Telefon 02961/53213, Fax 02961/9639900
Email: info@podszun-verlag.de, Internet: www.podszun-verlag.de

# Erinnerungen an Egon Scheuch

**von Achim Bischof**

Im Sommer 1959 schenkte mir Egon Scheuch, ein Ingenieur und Landtechniker mit Leib und Seele, sein Buch „Der Geräteträger", das gerade im Deutschen Bauernverlag erschienen war. Darin beschreibt er die Entwicklungsstufen, die letztlich zu dem heute schon legendären Geräteträger RS 09 beziehungsweise GT 124 aus dem Traktorenwerk Schönebeck geführt haben. Auch seine früheren Arbeiten mit Einbaumotoren und mit Einachsschleppern erwähnt er.

Wenn auch die Blütezeit der Geräteträger – zumindest in der Feldwirtschaft, nicht zuletzt wegen der inzwischen meist größer gewordenen zu bearbeitenden Flächen – eigentlich schon vorbei ist, so ist doch ein Blick in diese Zeitepoche ganz interessant. Einige der folgenden Abbildungen sind – mit freundlicher Genehmigung des Bauernverlages – dem Buch von Egon Scheuch entnommen.

Ein weiterer Grund, an Egon Scheuch zu erinnern, ist die Tatsache, dass er im März 1908, also vor rund 100 Jahren, in Triptis in Thüringen geboren wurde. Sein Vater war Lokomotivführer gewesen, damals ein Traumberuf vieler Jungen, und sicher hat auch diese väterliche Tätigkeit die Entwicklung des Sohnes beeinflusst.

Eine gewisse Bedeutung erlangte der Scheuch-Schlepper auch während der letzten Kriegsjahre bei der Luftwaffe, wo er zur Grundausrüstung des Raketen-Abfangjägers Me 163 gehörte. Die Autoren Botho Stüwe und Wolfgang Späte beschreiben seinen Einsatz ausführlich. Leider sind aus dieser Zeit wenig Fotos erhalten geblieben.

## Der „Maulwurf" und die „Spinne"

Mitte der fünfziger Jahre fand ich in einem Abstellschuppen auf dem Gelände des alten Schlepperprüffeldes in Potsdam-Bornim die Reste eines „Maulwurfs", den Prototyp des Geräteträgers, den Egon Scheuch im Jahre 1948 in Triptis im Betrieb seines Onkels Bruno Müller gebaut und auf mehreren Ausstellungen, zum Beispiel 1949 zur Landwirtschaftsausstellung in Cottbus, gezeigt und vorgeführt hatte. Er hat mit diesem Gerät, das er zuerst „Ackermaschine" und später „Maulwurf" nannte, recht erfolgreich für seine Idee eines „Geräteträgers" geworben. Statt Motoren in die einzelnen Geräte einzubauen, sollte eine motorisierte Arbeitsmaschine verschiedene Geräte zwischenachsig aufnehmen.

Angetrieben wurde dieser erste Maulwurf von einem luftgekühlten Zweitakt-Einzylinder-DKW-Motor vom Typ EL 461, wie er als Stationär- oder Einbaumotor in großer Stückzahl hergestellt wurde. Seine Leistung betrug 8,75 PS (6,43 kW) bei einem Hubraum von 462 cm³ und einer Drehzahl von etwa 3000 U/min. Angeworfen wurde er mit einem Hebel-

**Links: Der erste „Maulwurf" von Egon Scheuch, gebaut von der Firma Bruno Müller in Triptis Rechts: Die gute Sicht auf die mit Steckbolzen am Mittelholm befestigten Bodenbearbeitungsgeräte ermöglichte eine laufende Kontrolle der Arbeit. Man erkennt die Handhebel zur Betätigung der Geräte**

Der „Maulwurf" mit einem Anbau-Mähbalken. Auffallend ist die Verlängerung der Achsen zur Spurverstellung. Die Vorderräder waren mit 5,00-16, die Triebräder mit 6,00-20 bereift

Der „Maulwurf" bei der Feldarbeit. Kleinere Abweichungen der einzelnen Muster untereinander gab es, zum Beispiel bei der verwendeten Auspuffanlage

Der weiterentwickelte „Maulwurf" von Egon Scheuch mit größeren Triebrädern 7-36 AS und dem wassergekühlten Zweizylinder-Zweitakt-F-8-Automotor

starter. Der Antrieb erfolgte über eine Kardanwelle, die im Mittelholm verlief, zur Hinterachse. Auch die Lenkwelle verschwand im Mittelholm.

Die relativ geringe Leistung des Motors zeigt, dass anfangs nur kleinere Geräte Verwendung fanden, die vom Fahrer per Hand betätigt werden konnten. Eine Hydraulik gab es noch nicht.

Es hatte sich bald herausgestellt, dass die Leistung des Einzylinder-Motors für viele Arbeiten zu gering war. Auch die kleinen Triebräder 6,00-20 erwiesen sich als wenig geeignet. So entstand die Variante mit dem Zweizylinder-F-8-Motor mit 15 PS (11,03 kW), also fast doppelter Leistung, und der größeren Triebrad-Bereifung 7-36 AS anstelle der Bereifung 6,00-20

Auch über eine zweckmäßigere Anordnung des Motors machte sich Egon Scheuch Gedanken. Die Anbringung über der Hinterachse hat die Vorteile, dass um die Vorderachse herum mehr Freiheit für den Geräteanbau geschaffen wird und der Antriebsstrang durch den Mittelholm wegfällt. So entstand ein Versuchsmuster, das unter dem Namen „Spinne“ bekannt wurde.

Weil bei der „Spinne“ auf den kastenförmigen Mittelholm verzichtet wurde, fand die Lenksäule in dem Mittelrohr keinen Platz mehr. Aber der Gedanke, verschiedene Geräte leicht montierbar und hauptsächlich zwischen den Achsen mit der gleichen Grundmaschine verwenden zu können, war doch sehr einleuchtend. Deshalb war es damals eine richtige Entscheidung, die Weiterentwicklung dieser Idee gemeinsam mit einem leistungsfähigen Betrieb durchzuführen. Das Ergebnis war der RS 08/15 „Maulwurf“, den das Traktorenwerk Schönebeck 1952 in die Serienproduktion überführte.

**Die „Spinne“ mit 15-PS-Motor über der Hinterachse und veränderlichem Radstand. Allerdings mit einem Rohr statt des kastenförmigen Mittelholms**

Es war ein großer Schritt vom allerersten Maulwurf und der Spinne zur gemeinsamen Konstruktion des RS 08/15. Beibehalten wurde der Zweizylinder-Zweitaktmotor mit 15 PS (11,03 kW) bei 2800 bis 3000 U/min. Die Schönebecker hätten gern einen kleinen, leichten Dieselmotor im Heck eingebaut, der aber leider nicht zur Verfügung stand. Neu war ein Zweigruppengetriebe mit je vier Gängen, das eine gute Anpassung an die gewünschte Arbeitsgeschwindigkeit ermöglichte. Differentialsperre, Zapfwellen vorn und hinten und Einzelbremsung waren vorhanden, aber noch keine Hydraulik.

## Einbaumotoren

Schon Mitte der dreißiger Jahre hatte Egon Scheuch versucht, durch den Einbau kleiner Motoren in landwirtschaftliche Geräte die körperliche Arbeit zu er-

**Der gemeinsam von Egon Scheuch und einem Kollektiv aus dem Traktorenwerk Schönebeck entwickelte Geräteträger RS 08/15 „Maulwurf“**

**Links: Restaurierter Geräteträger RS 08/15**

**Links: Mit einem Einbaumotor ausgerüstete Drillmaschine Rechts: Selbstfahrender Grasmäher mit Einbaumotor**

leichtern. Es entstanden etliche Konstruktionen, die sich im praktischen Einsatz mehr oder weniger gut bewährten.

## Einachsschlepper

Mit großer Energie hatte sich Egon Scheuch mit der Konstruktion und Entwicklung von Einachsschleppern verschiedener Bauart befasst. Ursprünglich lag wohl der Wunsch nach einem „eisernen Pferd" vor, das vielseitig einsetzbar, aber einfach und sehr billig sein sollte. Erste Versuche erfolgten mit einem 6-PS-Motor, stark vereinfachten Triebwerksteilen und einer Fahrgeschwindigkeit von 3,5 km/h. Es zeigte sich jedoch, dass doch ein größerer Aufwand erforderlich wurde, eine höhere Motorleistung, ein drittes Rad als Stützrad, eventuell eine Achsschenkellenkung und bestimmt ein mehrstufiges Getriebe.

**Links: Achsschenkelgesteuerter, luftbereifter Einachsschlepper mit Stützrad aus dem Jahr 1939 Rechts: Ein früher eisenbereifter Einachsschlepper mit angetriebener Hackmaschine**

**Links: Luftbereifter, achsschenkelgelenkter Einachsschlepper mit Düngerstreuer Rechts: Besuch von DKW-Mitarbeitern bei Egon Scheuch in Erfurt. Am Lenkrad des Einachsschleppers der damalige DKW-Schulungsleiter Doernhoeffer, hinter ihm (Vierter von rechts) sein damaliger Assistent Siegfried Rauch**

*Archiv Siegfried Rauch*

**Einachsschlepper für die Schädlingsbekämpfung**

**Einachsschlepper bei der Schädlingsbekämpfung**

**Eisenbereifter Einachs-schlepper beim Transport**

**Links: Vor dem Start konnte der Raketenjäger mit dem abwerfbaren Fahrwerk und dem drehbaren Spornrad mittels einer Abschleppstange gut bewegt werden  Rechts: Nach der Landung wurde die Me 163 mittels der Hebevorrichtung des Scheuch-Schleppers angehoben und abtransportiert. Der Scheuch-Schlepper mit dem Volkswagen-Motor hatte genügend Reserven**

**Der Raketen-Abfangjäger Me 163 im Luftwaffenmuseum Berlin-Gatow. Unter den Tragflächen befinden sich die Aufnahmen für die Hubarme des Scheuch-Schleppers**

## Der Scheuch-Schlepper während der Kriegsjahre

Es blieb natürlich nicht aus, dass sich Ende der dreißiger Jahre auch verschiedene Bereiche der Wehrmacht für den vielseitig einsetzbaren Scheuch-Einachsschlepper interessierten, sowohl für die kleinere Variante mit DKW-Motor als auch für die stärkere Variante mit dem Volkswagen-Motor. Vor allem die Luftwaffe benötigte ein Aggregat zum Transport von Bomben auf den Flugplätzen. Eine besondere Bedeutung erlangte der Scheuch-Schlepper im Zusammenhang mit dem Messerschmitt-Raketen-Abfangjäger Me 163B „Komet". Aus Gründen der Gewichtsersparnis hatte dieser Raketenjäger nur ein Behelfsfahrwerk, das nach dem Start abgeworfen wurde, und eine gefederte Landekufe, wie bei Segelflugzeugen üblich. Vor dem Start konnte der Raketenjäger mittels des Laufwerks und des Spornrades mit dem Einachsschlepper und einer Schleppstange gut bewegt werden. Nach der Landung war das schwieriger. Der Jäger musste erst hochgebockt und wieder auf Räder gestellt werden, bevor er fortgefahren werden konnte. Das dauerte fast eine halbe Stunde, in der praktisch die Landebahn blockiert war. Hier half eine Variante des Scheuch-Schleppers, die sich heckseitig anstelle auf das dritte Rad auf ein hydraulisches Hebegerät abstützte, das am Ende mit einem kleinen Rad- oder Gleisband-Laufwerk versehen war.

Der gabelförmige Ausleger, ähnlich dem des bereits eingeführten Scheuch-Bombenwagens, erfasste beidseitig den Rumpf der Me 163 unter den Flügeln, hob sie an und konnte so mit ihr schnell aus dem Landebereich herausfahren. Das funktionierte so gut, dass fortan der Scheuch-Schlepper zur Grundausrüstung der Raketenflugzeuge Me 163 gehörte. Als Hersteller dieser Scheuch-Schlepper gibt Botho Stüwe in seinem Buch „Peenemünde West" die Firma Bruno Müller in

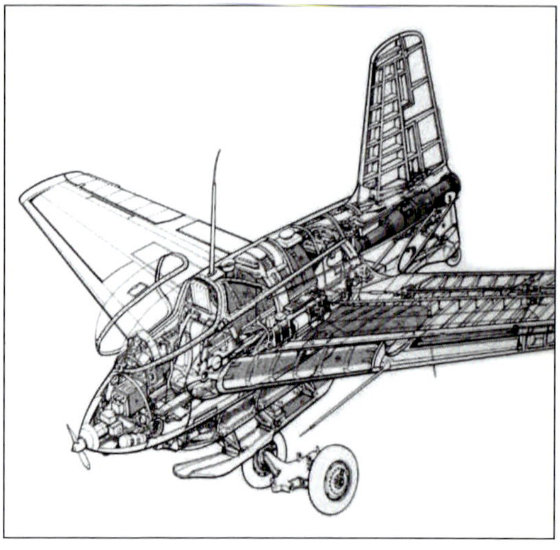

**Auf der Skizze der Me 163 ist die abgefederte Landekufe und das abwerfbare Startlaufwerk dargestellt**

Triptis an. Auch Wolfgang Späte beschreibt in seinem Buch „Der streng geheime Vogel Me 163" die Bedeutung des Scheuch-Schleppers bei der Bergung und dem Transport gelandeter Raketenjäger.

## Erste Nachkriegsjahre

Der erste und zugleich auch letzte Scheuch-Einachsschlepper, der kurz nach dem Krieg produziert wurde, kam ebenfalls von der Firma Bruno Müller aus Triptis. Hierbei wurden aus der Kriegsproduktion noch vorhandene Teile verarbeitet, solange bis die Restbestände aufgebraucht waren und die Beschaffung von Rohteilen schwierig wurde. So sind nochmals mehr als 100 Traktoren komplettiert worden.

Die Firma Bruno Müller in Triptis wurde im Februar 1948 enteignet und etwa ein halbes Jahr später als „VEB Schlepperwerk Triptis" der Industrievereinigung Fahrzeugbau (IFA) unterstellt. 1950 baute dieser Betrieb die ersten zehn Geräteträger „Maulwurf" nach den Ideen von Egon Scheuch.

**Anbauwechselpflug am RS 09 im Blickfeld des Fahrers**

## Vom RS 08 zum RS 09 und GT 124

Der RS 08/15, von dem von 1952 bis 1956 etwa 5750 Stück gebaut wurden, eröffnete vielfältige Einsatzmöglichkeiten, neigte aber auch zu Ausfällen durch den überforderten Motor und das noch nicht ausgereifte Getriebe. Auch der Geräteanbau war umständlich und kraftaufwändig. Deshalb arbeitete man schon bald an einem verbesserten Typ unter Beibehaltung der Grundkonzeption der Triebachse mit angeflanschtem Motor und Getriebe, dem quadratischen Mittelholm mit den Bohrungen für den Geräteanbau und der verschiebbaren, pendelnd-gelagerten Vorderachse.

**Scheuch-Schlepper mit Volkswagen-Motor als Knicklenker mit Ladepritsche aus der Nachkriegsproduktion**

Unkrautstriegel an der Dreipunktaufhängung

Anbau-Rübenköpfschlitten, vor der Vorderachse arbeitend

Anbauhackrahmen, zwischen Vorder- und Hinterachse arbeitend

**Kombination: Düngerstreuer – Hackrahmen – Spurlockerer**

**Rübenaufnahmegerät beim Beladen eines Triebachsanhängers**

**RS 09 mit Frontschaufel**

Unbedingt trennen wollte man sich von dem Zweitakt-Ottomotor. Nachdem die Entwicklung eines kleinen Dieselmotors in Berlin-Johannisthal fehlgeschlagen war, entschied man sich für den Import des Zweizylinder-Dieselmotors FD 21 der österreichischen Firma Warchalowski, der 18 PS (13,2 kW) bei 3000 U/min abgab.

1957 begann die Serienproduktion des RS 09/15, der zunächst noch mit Originalmotoren aus Wien ausgerüstet wurde. Wegen des Mangels an Devisen wurde dann der Motor im Dieselmotorenwerk Schönebeck in Lizenz gebaut. Doch man hatte die Lizenzproduktion stark unterschätzt und die Motoren bereiteten viele Probleme.

Ein bedeutender Fortschritt des RS 09 gegenüber dem RS 08 lag aber in der Einführung der Hydraulik und der hinteren Dreipunktaufhängung.

Inzwischen hatten die Motorenbauer in Cunewalde eine gut gelungene, schnelllaufende Kleindieselmotorenreihe entwickelt, und als der RS 09 im Jahr 1964

**Links: Ab 1964 wurde der Vierzylinder-Dieselmotor aus dem Motorenwerk Cunewalde mit 25 PS (18,4 kW) bei 3000 U/min in das Heck des Geräteträgers RS 09/124 eingebaut Rechts: Der Geräteträger RS 09/124 mit zwillingsbereiften Triebrädern**

durch den RS 09/GT 124 abgelöst wurde, stand ein zuverlässiger Motor mit einer Leistung von 25 PS (18,4 kW) bei 3000 U/min zur Verfügung.

## Einsatzmöglichkeiten

Egon Scheuch hat in seinem Buch die vielfältigen Einsatzmöglichkeiten des Geräteträgers beschrieben und mit vielen Fotos belegt. Einige davon sollen Einblick in die damalige Zeit gewähren.

## Nachwort zum Geräteträger

Die Geräteträgerproduktion im Traktorenwerk Schönebeck wurde 1972 eingestellt, da man sich nach Meinung der damaligen Machthaber nur noch auf den 100-PS-Traktor ZT 300 beschränken wollte, dessen Serienproduktion in Schönebeck bereits 1967 angelaufen war. Es ergab sich jedoch, dass mit dem Wegfall der Geräteträgerfertigung das Traktorenwerk nicht mehr voll ausgelastet war. Deshalb wurde die Produktion des selbstfahrenden Feldhäckslers von Neustadt nach Schönebeck verlagert, der dann in einer Wechselfließstraße zusammen mit dem Traktor produziert wurde.

Der Landwirtschaft fehlten jedoch die vielseitig einsetzbaren Geräteträger. Trotz Steigerung der Motorleistung auf 25 PS (18,4 kW) genügte er zwar nicht mehr den Anforderungen der Feldwirtschaft, aber er war zum unentbehrlichen Helfer in der Innenwirtschaft geworden. Viele Geräteträger wurden deshalb sorgfältig aufgearbeitet und für einen weiteren Einsatz vorbereitet. Das Kombinat für Landtechnik in Halle entwickelte einen modernisierten Geräteträger GT-124 M, das Weimarwerk stellte speziell für die Tierproduktion die Stallarbeitsmaschine HT-140 vor und der Betrieb Saat- und Pflanzgut Quedlinburg den Parzellen-Geräteträger GTP-100.

Außerdem wurden zunehmend kleine, leichte Traktoren mit vielen Anbaumöglichkeiten und einer modernen Hydraulik importiert, die die Funktion des Geräteträgers übernehmen konnten.

## Kurzbiografie

Egon Scheuch wurde am 24. März 1908 in Triptis in Thüringen geboren. Er besuchte dort die Grundschule und im nicht weit entfernten Weida die Oberschule. Danach ging er beim Bruder der Mutter in die Lehre in der Schlosserei Bruno Müller in Triptis, anschließend arbeitete er als Schlosser, zuletzt in der bekannten Leipziger Landmaschinenfabrik Rudolf Sack. Aber er wollte mehr wissen und begann Ende der zwanziger Jahre ein Studium für Landtechnik am Technikum in Bad Frankenhausen. 1933 machte er sich mit einem Ingenieurbüro für Landtechnik selbstständig, zunächst in seiner Heimatstadt Triptis.

Obwohl sich Mitte der dreißiger Jahre die Motorisierung in der Industrie schon durchgesetzt hatte, war in der Landwirtschaft immer noch das Pferd das gebräuchliche Zugmittel. Traktoren konnten sich meist

**Egon Scheuch (1908–1972)**

nur größere Landwirtschaftsbetriebe leisten. Egon Scheuch war auf die kleinen, zuverlässigen DKW-Motoren aufmerksam geworden, die sich vorzüglich als Einbaumotoren eigneten. Der gute Kontakt zur Auto-Union führte dazu, dass Egon Scheuch als Generalvertreter für DKW-Stationärmotoren für Thüringen und Westsachsen und angrenzende Gebiete eingesetzt wurde. Er verlegte seinen Geschäftssitz in das besser angebundene Erfurt.

Seit 1936 entwickelte Egon Scheuch auch Einachsschlepper mit kleinen DKW-Motoren. Die ersten Exemplare wurden bei Bruno Müller in Triptis gebaut.

**Gruppenleiter Gerhard Hendrich, Alfred Klemme, Ing. Egon Scheuch, Chefkonstrukteur Karl-Heinz Meyer und Obermeister Ernst Laserke (von links)**

Als er jedoch den Auftrag erhielt, den Volkswagenmotor einzubauen, und größere Stückzahlen gefordert wurden, musste auch der Fahrzeugbetrieb Schumann in Werdau und das Karosseriewerk Fleischer in Gera mit einbezogen werden.

Nach dem Krieg hat Egon Scheuch zusammen mit dem Betrieb Bruno Müller und dem Karosseriewerk Fritz Fleischer aus noch vorhandenen Motoren und Teilen etwa 100 Einachstraktoren beziehungsweise Knicklenker mit einer hinteren Laufachse und einer Ladepritsche montiert.

1972 wurde sein Betrieb, der sich inzwischen „Egon Scheuch, Projektierungs- und Entwicklungsbetrieb" nannte, verstaatlicht und der Deutschen Reichsbahn, Reichsbahndirektion Berlin, als Betriebsteil Forschung und Entwicklung, angegliedert. Diese Maßnahme und auch die Tatsache, dass im gleichen Jahr die Geräteträgerproduktion in Schönebeck eingestellt wurde, sind sicher Egon Scheuch nahe gegangen. Er starb im gleichen Jahr in Bad Berka im Alter von nur 64 Jahren.

## Ehrungen

Das Kollektiv, das sich besonders um die Entwicklung des Geräteträgers verdient gemacht hatte, wurde im Jahre1958 mit dem Nationalpreis III, Klasse für Wissenschaft und Technik ausgezeichnet. Es waren dies

- Ing. Egon Scheuch, Erfurt, selbständiger Landtechniker
- Ing. Karl-Heinz Meyer, Chefkonstrukteur im Traktorenwerk Schönebeck
- Ing. Gerhard Hendrich, Gruppenleiter im Traktorenwerk (später Abt.-Ltr.)
- Ernst Laserke, Obermeister in der Entwicklungswerkstatt Schönebeck
- Alfred Klemme, Schlosser in der Entwicklungswerkstatt

Aus Anlass seines 100. Geburtstages hat die Stadt Triptis gemeinsam mit dem Verein zur Erhaltung historischer Landtechnik e.V. Triptis und dem Verein für Heimatgeschichte und Denkmalpflege Triptis und Umgebung e.V. am 30. März 2008 zu einer Feierstunde auf dem Freigelände des Museums eingeladen. Dabei wurden auch restaurierte Landmaschinen und Traktoren ausgestellt.

*Literatur und Fotos*
*Scheuch, Egon: „Der Geräteträger", Deutscher Bauernverlag, Berlin 1959*
*Bischof, Achim: „Traktoren in der DDR", Podszun-Verlag, Brilon 2004*
*Stüwe, Botho: „Peenemünde West", Bechtermünz Verlag 1998*
*Späte, Wolfgang: „Der streng geheime Vogel Me 163", Verlag für Wehrwissenschaften München, 2003*
*Zeymer, Joachim: „Eine lebendige Chronik", Manuskript, 2008*

**Der Bürgermeister der Stadt Triptis, Berthold Steffen, und der Vorsitzende des Vereins zur Erhaltung historischer Landtechnik Triptis e.V., Edgar Fiedler, während der Laudatio für Egon Scheuch**

# Hurra, wir haben einen Porsche!

von Walter Langohr

Keinesfalls möchte ich diese Zeit missen, meine Kindheit auf dem Bauernhof der Eltern. Es war mühsam, manchmal ärmlich und die Freizeit knapp. Aber wir mussten während des Krieges und auch in der kargen Nachkriegszeit nie hungern. Die viele Arbeit, die Sorgen, Entbehrungen und Enttäuschungen hatten uns vier Kinder samt Eltern zu einer Schicksalsgemeinschaft zusammengeschweißt. Ich wurde im Januar 1941 geboren. Vor dem Krieg war alles besser, so erzählten die Eltern und die Großmutter.

Unser Bauernhof war für mich der Mittelpunkt der Welt. Gerne hätte ich das später einmal geerbt. Es waren gut 22 Hektar Wälder, Äcker, Wiesen und viel Vieh. Wir hatten Schafe, Kühe, Ochsen, Gänse, Schweine, Ziegen, Enten, Hühner, Hasen und anderes Getier. Doch als Jüngster hatte ich keine Chance, das alles später zu übernehmen. Mein großer Bruder Fritz galt als Kronprinz und Hoferbe. Wenn ich mal etwas erhielt, dann waren es allenfalls seine abgetragenen Kleidungsstücke. Diese waren für mich als fünf Jahre Jüngeren viel zu groß, natürlich mittlerweile auch total unmodisch. Sie schlotterten bei mir am ganzen Leib. Aber irgendwann wuchs ich hinein und dann passte es. Abends, an den langen Winterabenden, saßen wir alle in der gemütlichen Wohnstube.

Wir Kinder erledigten unsere Hausaufgaben, schrieben auf unsere Schiefertafeln oder lernten Lieder und Gedichte auswendig. Mutter spann am Spinnrad

**Walter Langohr, Zweiter von rechts, wuchs auf einem Bauernhof auf (um 1952)**

Zu Beginn des Zweiten Weltkriegs wurden alle Pferde bei uns requiriert, das heißt, ersatzlos von der Wehrmacht für den Kriegsdienst beschlagnahmt. Man hatte nur noch Zugochsen und Kühe zum Anspannen

Mühselig war die Arbeit mit den Zugochsen oder Kühen. Aufgrund der mangelhaften Bodenbearbeitung gingen in den Krieg-und Nachkriegsjahren die Erträge deutlich zurück. Hunger war die Folge

Die meisten Stallungen waren klein und schlecht durchlüftet. Futter und Wasser mussten von Hand vom Mistgang aus zu den Tieren an den Trog gebracht werden

Die Stallungen wurden noch von Hand entmistet. Mittels dieser oder ähnlicher Holzschubkarren wurde der Dung zum Misthaufen (Dunglege) gefahren. Stall- oder Dungbahnen hatten nur größere, modernere Betriebe. Schrapper- oder Seilzugentmistungsanlagen samt Schubstangenentmistungen kamen Mitte der fünfziger Jahre auf

**Schwalben bedeuten Glück im Stall. Außerdem wurden dabei auf biologische Weise die Fliegen reduziert**

Schafwolle zu Garn. Später strickte sie daraus Strümpfe und Handschuhe. Vater saß am dunkelgrünen Kachelofen und rauchte seine Pfeife.

Hin und wieder nahm er eine große Prise von seinem schwarzen Schnupftabak und seufzte: „Vor dem Kriege", meinte er, „hatten wir Knechte und Mägde, die das ganze Jahr auf dem Hofe arbeiteten. Außerdem hielten wir vier Pferde für die schweren Zug-und Erntearbeiten. Da machte die Feldarbeit, besonders das Pflügen und Mähen, Freude. Dann kam der Krieg. Alle unsere Pferde wurden requiriert, also ohne Entschädigung für den Kriegsdienst vom Staat beschlagnahmt. Die beiden Knechte wurden zum Militär eingezogen. So mussten wir allein mit Ochsen und Kühen die Feldarbeit erledigen. Das Ernten, Eggen und Pflügen wurde mit diesen langsamen und oft schwachen Tieren zur Qual. Polnische, russische und französische Kriegsgefangene wurden uns als Ersatz für die früheren Knechte zugeteilt. Sie bekamen von uns gutes Essen und arbeiteten treu und brav auf dem Hof mit. Es war mühselig. Aber wir kamen letztendlich doch mit einigermaßen heiler Haut durch den Krieg.

**Nach der Kartoffelernte im Spätherbst wurden die Kartoffeln mittels der genossenschaftlichen Dämpfkolonne eingedämpft und anschließend in speziellen Kartoffelsilos für die Schweinemast konserviert**

**Die Schweine wurden hauptsächlich mit Kartoffeln gefüttert. Getreide war hierfür zu schade. Nebenbei hielten wir noch ein bis zwei Zuchtsauen, um keine Ferkel kaufen zu müssen**

„Nun Kinder", so meinte Vater, „können wir uns keinen Knecht, oder, wie es jetzt heißt, Landarbeiter, mehr leisten. Die wandern alle in die Industrie ab. Da können wir bei der Bezahlung nicht mithalten. Darum müssen wir alle (Vater, Mutter und Kinder) auf Gedeih und Verderb zusammenhalten und viel arbeiten. Nur gemeinsam können wir die schwere Arbeit im Feld, im Wald, auf dem Hof und im Stall erledigen. Ihr könnt erst nach Feierabend, wenn die Stallarbeit beendet ist, eure Hausaufgaben machen. Doch Mutter und ich, wir helfen euch so gut wir können. Das sahen wir vier Geschwister ein. Mutter tat uns besonders leid. Sie war spindeldürr. Ihr wollten wir besonders viel Arbeit abnehmen. Auch wenn wir noch recht klein und mager waren. Mit Papa hatten wir weniger Mitleid. Grund: Manchmal, etwa ein- bis zweimal pro Monat, verschwand er einfach. An solchen Tagen fuhr er morgens, nach den Stallarbeiten und der Milchsuppe (dem damaligen Frühstück), mit seinem uralten Fahrrad in die Stadt. Dinkelsbühl, unser romantisches Heimatstädtchen in Mittelfranken, war nur vier Kilometer von unserem Dorf Sinbronn entfernt. Es hatte für uns alle eine große Anziehungskraft. Doch was sollten wir dort ohne Geld? Vater gönnte sich solche Tage als Auszeit, ohne Rücksprache mit Mama. Erst besuchte er seine alten Spezl. Dann ging er in die städtische Badestube und nahm ein Wannenbad. Nachher ging es zum Friseur. Rasieren und Haareschneiden war angesagt. Das alles krönte unser Herr Papa mit einer deftigen Brotzeit samt Umtrunk in einer der urgemütlichen Dinkelsbühler Gaststätten. Vater war dort überall ein gern gesehener Gast. Aber das alles kostete Geld, das uns letztendlich fehlte. Spät abends, wenn Mutter und wir Kinder mit der Stallarbeit samt Melken fertig waren, kam unser Vater nach Hause. Meistens hatte er einen Schwips. Mutter war bitter enttäuscht und schimpfte jedes Mal wie ein Rohrspatz. Doch wer konnte Papa auf Dauer böse sein? Denn ansonsten war er ein besonders liebenswürdiger und fürsorglicher Mensch.

Oft ging ich zu unserer Großmutter. Sie wohnte in unserem zweistöckigen Hofhaus. Vom hellen, geräumigen Wohnzimmer hatte man einen imposanten Ausblick auf den Dorfplatz und die Milchrampe. Daneben war der große Brunnen samt Viehtränke und dem Dorfweiher. Täglich musste ich nach Schulschluss für

**Auch wenn es romantisch aussieht: Die Ernte war schwerste Arbeit. Das gemähte Getreide wurde mit Sicheln zu Garben gesammelt und von Hand zu Garben gebunden**

die Großmutter Holz holen, um den großen Kachelofen zu beheizen. Außerdem hatte die Oma einen eigenen Hühnerstall und ganz oben auf dem Dachboden einen Taubenschlag. Ich hatte regelmäßig die Hühner und Tauben mit Futter zu versorgen. Manchmal setzte ich mich zu ihr. Dann erzählte Großmutter von früher. Ihr Mann, mein Großvater, war jahrzehntelang Bürgermeister im Dorf. Er hatte viele Ehrenämter inne, war Bauernbündler und somit Nazigegner. Deswegen verlor er zur Hitlerzeit nach und nach alle seine Ämter. Doch Opa war leidenschaftlicher Jäger, das half ihm über vieles hinweg. Schließlich ging er nur noch zur Jagd. Die Bauernarbeit war ihm ohnehin zu mühsam. Dafür hatte er seinen Sohn August (meinen Vater) sowie genügend Knechte und Mägde. Großvater starb durch einen tragischen Jagdunfall noch vor Beginn des Zweiten Weltkriegs. So blieb ihm der Niedergang des „1000-jährigen Reiches" und das ganze

**Ab 1948/49 kamen kleinere Traktoren auf den Markt. Sie revolutionierten die Landarbeit. Ein neuer Zeitabschnitt begann. Auf dem Foto ein Allgaier mit Kaelble-Motor und Verdampfungskühlung, Type R (für Robust) 18 mit 18 PS. Diesen Traktor bekam unser Nachbar 1949. Er inspirierte uns zum Kauf eines Allgaiers, System Porsche. Es war der legendäre AP 17 mit 18 PS (Baujahr 1950)**

Elend erspart. Auch Vater wurde vom Kriegsdienst verschont. Er wurde wegen des großen Bauernhofes und uns vier Kindern als unabkömmlich eingestuft.

Von den täglichen Stallarbeiten war ich als Kleinster weitgehend befreit. Doch wenn Vater mal im Wirtshaus war oder der große Bruder krank, dann musste auch ich ran. Für mich als elf- oder zwölfjähriges Kind war diese Arbeit mühevoll und oft gefährlich. Denn wir hatten noch einen altmodischen, schlecht gelüfteten Stall. Im Winter tropfte das Wasser von den Wänden. Der Ammoniak, der sich dadurch bildete, ließ den Putz von den Wänden abblättern. Die blanken, kalten Feldsteine des Mauerwerkes blickten hervor. Unsere fünf Kühe und die beiden Zugochsen, aber auch das Jungvieh waren am Futtertrog angebunden. Dieser befand sich direkt an der Außenmauer. Man nannte diese Aufstallungsform „Schwanzfütterung“. So mussten meine Schwestern und ich das Futter in großen Weidenkörben und das Wasser in schweren Blecheimern von hinten her (also vom Schwanz der Tiere aus gesehen) zum Trog bringen. Da kam es schon mal vor, dass mich die Kühe oder Ochsen zu Boden stießen. Wehrlos lag ich dann samt Korb oder Eimer dort schutzlos den Fußtritten der Tiere ausgeliefert. Doch ernsthaft verletzt wurde ich nie. Die neueren geräumigen Stallungen im Dorf hatten einen richtigen Futtergang, der zwischen Trog und Mauer angeordnet war, somit konnte man dem Vieh vom Gang aus ohne Gefährdung das Futter zeitsparend in den Trog werfen. Ja, wir hätten dringend einen modernen Stall gebraucht. Mit Futtergang, neuzeitlicher Wasserleitung und Selbsttränkebecken für das durstige Vieh. Doch dazu fehlte das Geld. Durch den Krieg und die karge Nachkriegszeit waren wir, wie so viele andere Landwirte, verarmt. Unsere beiden Ochsen, von Vater liebevoll Max und Moritz genannt, waren brave, aber sehr langsame Zugtiere. Dadurch kamen wir beim Pflügen und den Erntearbeiten im Sommer nur sehr langsam voran. Die Ernteerträge gingen von Jahr zu Jahr stetig zurück. Auch das Geld für Mineraldünger zur Ertragssteigerung der Früchte auf dem Felde fehlte. Dieser Kreislauf musste durchbrochen werden. Mutter, Vater und wir Kinder sinnierten darüber nach. Da kam unverhofft die Lösung: Unser Nachbar, August Bast, bekam einen Traktor, etwa im Spätherbst 1949. Es war ein wunderschöner, grüner Allgaier R 18 mit 18 PS.

Die große Ackerschiene, das riesige Schwungrad, die Verdampfungskühlung – das war für uns sensationell. Dazu vier Vorwärtsgänge und ein Rückwärtsgang. Das alles war problemlos mit dem Ganghebel und dem Kupplungspedal, das mit dem Fuß zu betätigen war, zu schalten. Bast junior führte uns stolz vor, wie man den Allgaier startet. Er zeigte uns die Zündplättchen, die man, zumindest wenn der Motor kalt war, als Starthilfe benötigte. Dann drehte er an der großen Kurbel. Problemlos startete dieser wunderschöne Traktor mit dem Einzylinder-Kaelble-Motor. Wir fuhren heftig tuckernd über den Bauernhof, vorbei am großen Misthaufen. Weiter ging es im Karacho mit knapp 20 km/h durch unser Dorf. Die Erwachsenen winkten, die Jugend

**Langohrs erster Traktor – ein orangegelber Porsche, Baujahr 1950. Gebaut wurde dieser Traktor von der damaligen Traktorenfabrik Allgaier – in Lizenz für Porsche (um 1951)**

Mit dem ersten Traktor begann auf dem Hof meiner Eltern die Neuzeit. Im Schlepp unser Fahr-Bindemäher (um 1955). Die Erträge stiegen. Anstelle der Pferde oder Zugochsen hielt man Kühe. Das gab zusätzliches Milchgeld und mehr Kälber

Bei den Erntearbeiten war die ganze Familie dabei. Die Landflucht setzte in den fünfziger Jahren ein. Die Knechte und Mägde, aber auch Bauernsöhne und -töchter und vor allem die Nachgeborenen wanderten in die Industrie ab oder arbeiteten auf dem Bau. Grund: Bessere Bezahlung und mehr Freizeit

des Dorfes jubelte. Wir vier Langohrenkinder standen stolz hinten auf der Ackerschiene oder saßen auf einem der beiden seitlichen Kotflügel des damals hochmodernen Traktors. Eine neue Zeit war angebrochen, wir fühlten es. Die Motorisierung der Dörfer und des ländlichen Lebens wurde durch diese kleinen, wenigen Traktoren eingeläutet. „Doch wer soll das bezahlen, wer hat das bestellt?“ so lautete ein damaliger Faschingsschlager, der die karge Nachkriegszeit kennzeichnete. Wer hatte schon Geld? Unsere Kühe gaben wegen der schlechten Fütterung nur wenig Milch. Demzufolge war das monatliche Milchgeld, von dem wir lebten, recht spärlich. Ein richtiger Traktor, mit Mähwerk, Zapfwelle und Riemenscheibe, kostete etwa 5000 bis 6000 DM. Er war sofort zu bezahlen.

Trotzdem bedängte mein großer Bruder Fritz und ich fortlaufend Vater und Mutter so einen Allgaier zu kaufen. Heftig diskutierten wir an den langen, kalten Winterabenden. Dann kam folgender Entschluss: Wir verkaufen die beiden Zugochsen Max und Moritz. Die bringen zwischen 1600 und 1800 DM. Dann fällen wir in unserem Wald Bäume und verkaufen diese als Bauholz für etwa 1400 DM. Für die restlichen rund 2500 DM wollten wir einen Bankkredit aufnehmen. So war also die Anschaffung doch noch zu realisieren. Inzwischen war es Frühling im Jahre 1950 geworden. Der

**Mutter, hier mit ihren Hühnern und Gänsen. Das Eiergeld, aber auch die sonstigen Einnahmen aus der Geflügelhaltung gehörten der Bäuerin anstelle eines Haushaltsgeldes**

Landmaschinenhändler und dessen redegewandter Verkäufer besuchten uns regelmäßig. Sie argumentierten: „Durch die bessere Bodenbearbeitung mit dem leistungsstarken Traktor steigen die Erträge. Ihr könnt dadurch Mineraldünger und Pflanzenschutzmittel kaufen. Das wirkt nochmals ertragssteigernd.“ „Ja und wie

**Unsere Landjugend organisierte zum Erntedankfest Umzüge. Wir sangen stimmungsvolle Volkslieder und tanzten den Bändertanz (um 1955)**

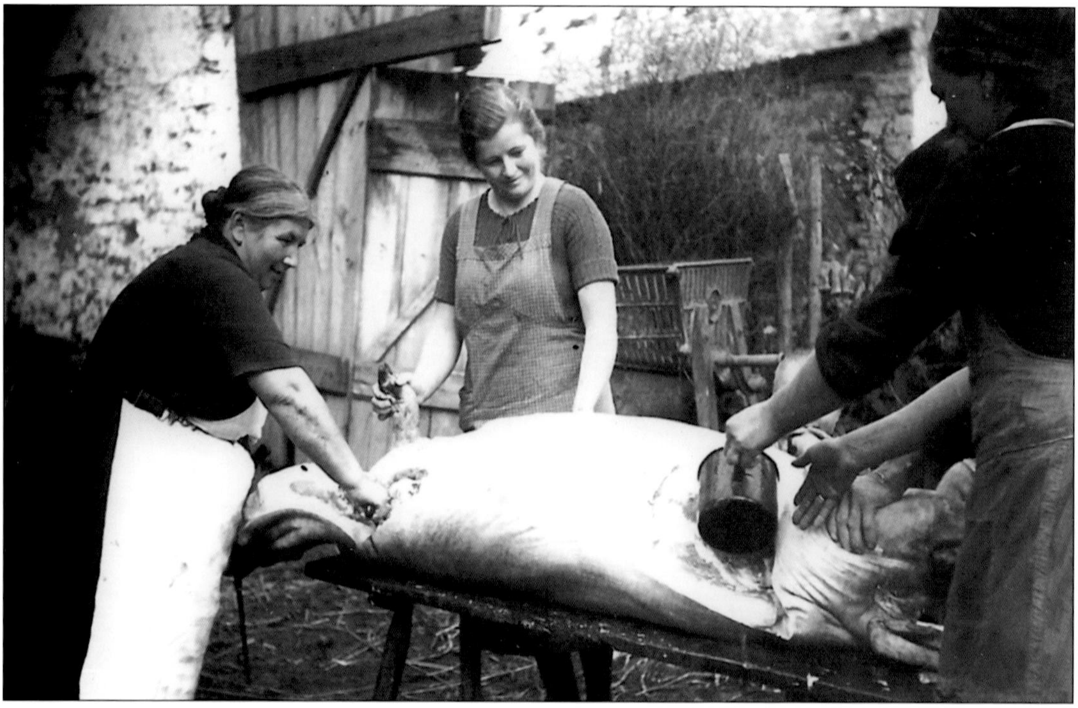

**Schlachtfest auf dem Dorf um 1946/47. Die Männer waren noch in Kriegsgefangenschaft oder im Krieg gefallen, also schlachteten die Frauen**

bezahlen wir den Bankkredit, den Dieselkraftstoff und eventuelle Reparaturen?" Das war unsere Frage. Der Verkäufer antwortete: „Durch die höheren Erträge bei Weizen, Gerste und Zuckerrüben. Auch auf den Wiesen und Weiden wächst durch die verbesserte Düngung mehr Gras. Schon allein mit dem höheren Milchgeld könnt ihr in wenigen Jahren den Bankkredit von 2500 DM abbezahlen." Diese Argumente überzeugten. Wir wurden uns handelseinig und bestellten im Frühsommer 1950 einen Traktor. Preis samt Zubehör 5600 DM. Es war ein Allgaier, System Porsche. Ein orangegelber, luftgekühlter Zweizylinder-Traktor in Alu-Leichtbauweise. Die Gewichtsreduzierung erfolgte, um bei Saat-und Pflegearbeiten Bodenverdichtungen vorzubeugen. Für schwere Zug- und Transportarbeiten gab es Zusatzgewichte. Dieser hochmoderne Traktor revolutionierte in den fünfziger Jahren den Schlepperbau in Mitteleuropa. Allgaier in Uhingen baute bis 1956 zigtausende dieser Schlepper für Porsche in Lizenz. Dann übernahm Porsche-Diesel in Friedrichshafen/Manzell die Produktion.

**Schlachtfest bei Langohrs um 1956. Mein Bruder hilft dem Metzger bei der Arbeit. Auch ich arbeitete mit und durfte Blut rühren**

Auf dem Bauernhof meiner Eltern ging es langsam, aber stetig aufwärts. Wir produzierten mehr Milch, Fleisch, Getreide und Zuckerrüben. Die Zuversicht wuchs: Wir freuten uns auf die Zukunft. Es konnte nur besser werden. Leistungsstärkere Maschinen waren gefragt. 1959 kauften wir zwei Porsche-Diesel-Traktoren: einen „Standard"-Zweizylinder mit 25 PS sowie einen Dreizylinder „Super" mit 38 PS. Die Arbeit mit diesen formschönen und besonders robusten Schleppern

**Mein Freund Hans fuhr gerne den Eicher-Traktor seiner Eltern. Heimlich holten wir den Eicher aus der Garage und durchstreiften sonntags Wald und Flur (um 1956/57)**

**Im Winter 1959: Landmaschinenlehrgang in Triesdorf/Mittelfranken bei der Deula (Deutsche Landmaschinenschule). Im Mittelpunkt ein Ferguson-Traktor mit Perkins-Dieselmotor. W. Langohr, Dritter von rechts**

**1961 als Landwirtschaftspraktikant in Dänemark. Auf dem hochmodernen großen Bauernhof hatten wir zwei neue Fordson-Traktoren Typ Major. Diese Maschinen waren äußerst robust, wassergekühlt, hatten vier Zylinder und etwa 55 PS**

machte Freude. Dank optimaler Land- und Düngetechnik stiegen die Erträge und somit auch die Rendite weiter an. Trotzdem konnte der elterliche Bauernhof uns vier Kinder auf Dauer nicht ernähren. Meine beiden Schwestern, Irma und Hilde, verließen uns schon Anfang der fünfziger Jahre. Sie bauten ihre eigene Existenz auf und heirateten schließlich. Auch ich als Jüngster musste weichen. Für mich boten sich drei Möglichkeiten: 1. Bauernknecht werden oder Arbeiter in der Industrie. 2. In einen Hof einheiraten. Doch das war oft ein hartes Los. Die meisten standen unter der Fuchtel der Schwiegereltern. 3. Die Flucht nach vorne: Die landwirtschaftliche Ausbildung abschließen, dann die mittlere Reife nachholen, über den zweiten Bildungsweg Landwirtschaft studieren.

Das zusätzliche Lernen und das anschließende Studium fielen mir leicht. Es war für mich der richtige Weg. Die Landtechnik faszinierte mich mein Leben lang. Ich besuchte zwei Wintersemester der Landwirtschaftsschule in Dinkelsbühl. Zwischendurch, im Sommerhalbjahr 1959, absolvierte ich die Austauschlehre auf einem Ackerbaubetrieb im Raum Uffenheim. Dann folgte die eigentliche landwirtschaftliche Lehre auf einem Milchviehbetrieb im wunderschönen Allgäu mit anschließender Gehilfenprüfung.

Im Frühjahr 1961 zog es mich für sieben Monate nach Dänemark zum Landwirtschaftspraktikum. Vermittelt und gefördert wurde dieses Auslandspraktikum vom Bayerischen Bauernverband. Dänemark hatte eine hocheffiziente Landwirtschaft, die für uns Deutsche seinerzeit als Vorbild diente. Rasch lernte ich die dänische Sprache und Lebensweise kennen und schätzen. Wahrscheinlich wäre ich für immer in Dänemark geblieben, denn ich hatte mich in ein bildhübsches Mädchen verliebt. Doch ich musste zurück zum Studium der Landwirtschaft nach Süddeutschland. Nach weiteren Schulungen und Zwischenprüfungen ging es auf die Ingenieurschule für Landbau nach Rotthalmünster. Dort wurden 1962 unter anderem die neuesten Tragschlepper von Porsche vorgestellt. Das Studium der Landwirtschaft bereitet mir viel Freude. Die Dozenten waren sehr aufgeschlossen und nahmen sich viel Zeit für uns Studenten. Es herrschte sowohl in der Landwirtschaft als auch in der Landtechnik eine wahre Aufbruchstimmung. So konnte ich mit 23 Jahren schon mein Studium mit Erfolg abschließen.

**Mit dem Schlegelfeldhäcksler und dem „Major" bei der Rübenblatternte in Dänemark**

1962 beim Studium der Landwirtschaft in Rotthalmünster/Niederbayern. Dr. Maier, der Dozent für Landtechnik, erklärt den neuen Porsche-Tragschlepper

Porsche-Tragschlepper mit spezieller Spurverbreiterung für die Bodenbearbeitung bei Hackfrüchten. Die Firma Geier in Haßfurt baute seinerzeit für Porsche diese Zusatzausrüstung

Was macht ein Landwirtschaftstudent in den Semesterferien? Er arbeitet auf einem Gutsbetrieb, um Geld zu verdienen und seine praktischen Kenntnisse zu erweitern. Der Betrieb lag im wunderschönen Allgäu. Man arbeitete mit Schlüter-Traktoren

Auf der DLG-Ausstellung in Hannover Mitte der siebziger Jahre: Zweiter von links der damalige Bauernverbandspräsident Heeremann, daneben Staatssekretär Gallus, ganz rechts mein Chef, der Fabrikbesitzer Wilhelm Bremer. Auf dem Foto erkläre ich die Funktion einer modernen Abferkelbucht

Rechts: Über 34 Jahre war ich als Agraringenieur Verkaufsleiter einer Fabrik für Stalleinrichtung, Silos und automatisch gesteuerte Seilzugentmistungsanlagen. Auf der DLG-Ausstellung in München (siebziger Jahre)

Die Begabtenförderung hatte das meiste finanziert. So brauchte ich den Geldbeutel meiner Eltern kaum zu strapazieren!

Optimistisch blickte ich in die Zukunft und freute mich auf meine Arbeit in der gut bezahlten Industrie. Ich spezialisierte mich auf Hofinneneinrichtungen für die Landwirtschaft. Rasch wurde ich Verkaufsleiter in einer kleinen Fabrik für Stalleinrichtungen, Getreidesilos und automatische Entmistungsanlagen. Mehr als drei Jahrzehnte übte ich diese hochinteressante Tätigkeit aus. Es waren Verkäufer auszubilden und zu betreuen, landwirtschaftliche Ausstellungen zu organisieren und Landmaschinenhändler zu besuchen. So war ich viel unterwegs. Geschäftlich reiste ich durch halb Europa. Doch auch für die Familie nahm ich mir die nötige Zeit, für meine Frau und die beiden Kinder. Oft

**Unser Porsche mit 25 PS, Baujahr 1959, war ein äußerst robuster und wendiger Traktor. Auch meine beiden kleinen Kinder konnte ich dafür begeistern. Noch heute fahren die beiden leidenschaftlich gerne mit meinem Porsche-Traktor AP 18, Baujahr 1957**

waren wir im Urlaub oder an den Wochenenden bei den Eltern und beim Bruder Fritz. Er bewirtschaftete den ererbten Bauernhof mit viel Idealismus. Gemeinsam fuhren wir die beiden Porsche-Diesel-Traktoren. Wir hatten viel Freude dabei. Ja, die Landwirtschaft, die Landtechnik und die Traktoren von Allgaier und von Porsche waren mir von Kindheitstagen ans Herz gewachsen. Es geht nicht um Erfolg und Karriere, sondern um Ideale.

Fasziniert haben mich vor allem die fünfziger und sechziger Jahre, die Lebensfreude und der unerschütterliche Optimismus. So rief ich ganz selbstverständlich und voller Freude, als der erste Traktor 1950 zu uns auf den Hof kam: „Hurra, wir haben einen

**Gerne verbrachte ich einen Teil meines Urlaubs bei meinem Bruder und den Eltern auf dem Bauernhof. Ich arbeitete im Kuhstall oder fuhr mit dem Porsche-Diesel aufs Feld**

**Sohn Christian ist ein großer Fan von Porsche-Traktoren. Hier im Garten am Main mit einem geliehenen Porsche-Diesel Junior 14 PS, Baujahr 1959 (um 2004)**

Porsche!“ Den genialen Konstrukteur, Professor Ferdinand Porsche, haben wir verehrt. Einen Porsche-Sportwagen, einen dieser wunderschönen Flitzer, hätten wir uns nie leisten können. Doch wir Bauernbuben träumten davon. Aber immerhin, wir hatten einen Porsche-Traktor. Das war doch auch schon etwas, oder?

Übrigens, den „Langohrenhof“ gibt es nicht mehr. Es hat sich kein Nachfolger gefunden. Der große landwirtschaftliche Betrieb von einst wäre heute viel zu klein. Die Bewirtschaftung rentierte sich nicht mehr. So wurden die Felder allesamt verpachtet und die Scheune abgerissen. Auch die Porsche-Diesel-Traktoren gibt es nicht mehr, man hat sie verkauft oder gar verschrottet? Meinen Sohn Christian und mich hat die Erinnerung an vergangene Zeiten nicht losgelassen. Muss denn immer alles vernünftig sein? Muss denn alles Rendite bringen? Nein!

So haben wir uns gemeinsam einen Porsche-Diesel-Traktor AP 18, 18 PS, Baujahr 1957 gekauft. Er wurde von einem Fachmann wunderschön restauriert. Mit diesem Prachtstück fahren wir ab und zu über die Felder. Manchmal aber auch, in der Sommerzeit, zum Biergarten. Besonders gerne tuckern wir zu Oldtimertreffen. Dann schwelgen wir in Nostalgie. Was wären wir ohne Träume, was wären wir ohne Ideale?

**Mit meinem Buch „Hurra, wir haben einen Porsche!“ (ISBN 978-3-00-014464-6) habe ich großen Erfolg. Es ist bereits in der vierten Auflage erschienen. Mit dem Erlös dieses Buches konnte ich mir einen Jugendtraum erfüllen und einen Porsche-Diesel kaufen: Type AP 18, 18 PS, Baujahr 1957. Dieser Traktor wurde von einem Fachmann repariert, bekam neue Zylinderköpfe und neue Reifen (Sommer 2008)**

**Mit meinem Porsche-Diesel fahre ich besonders gerne zu Oldtimer-Treffen. Im Sommer 2006 war ich unterwegs in Franken**

**Dr. Wolfgang Porsche bei einem Porsche-Traktoren-Treffen in Süddeutschland (September 2008)**

# Von Allis Chalmers bis Zetor

## Traktoren aus aller Welt auf Fahrzeugtreffen in den Benelux-Ländern

**von Udo Paulitz**

Wenn man heute die Exponate auf den immer zahlreicher werdenden deutschen Schleppertreffen betrachtet, so findet man dort hauptsächlich Traktoren inländischer Herkunft. Dies ist auch nicht weiter verwunderlich, wird man doch in jedem Land überwiegend die von der eigenen Industrie gefertigten Produkte finden. So zumindest verhält es sich in jenen Ländern, die über eine nennenswerte Schlepperproduktion verfügten.

Anders hingegen in Staaten, bei denen dieser Industriezweig nur wenig ausgeprägt oder überhaupt nicht vorhanden gewesen ist. Ein klassisches Beispiel hierfür sind die Benelux-Staaten, in denen die Schlepperindustrie nur eine Randerscheinung darstellte. Während in Belgien diese Branche mit Ausnahme einiger Kleinsthersteller wie Spinnekoop, Andre Motte aus Brugelette, Favache und Gardner praktisch gar nicht existierte, gab es in den Niederlanden immerhin verschiedene kleinere Anbieter, die zumindest ansatzweise mit dazu beitrugen, die einheimische Landwirtschaft mit Traktoren zu versorgen. Stückzahlmäßig fielen diese Fahrzeuge allerdings nur wenig ins Gewicht. Der belgische Hersteller Motte z. B. fertigte in der zweiten Hälfte der 1950er Jahre lediglich etwa 50 Exemplare seines mit dem Daimler-Benz Vorkammer-Diesel OM 636 mit 26 (später 32) PS Leistung ausgerüsteten Traktormodells A 930. Dieser bewährte Vierzylinder sorgte bekanntlich auch im Unimog für dessen Fortbewegung.

Zu den niederländischen Anbietern zählte die Firma Jan Brons, ein Motorenhersteller aus Appingedam. Er begann 1935 mit dem Schlepperbau, die mit 40, 50 und später sogar 70 PS starken großvolumigen

**Gardner-Schlepper (Belgien), Baujahr 1952**

**Spinnekoop-Schlepper (Belgien), 15 PS, Baujahr 1946**

**Andre Motte Typ 930 (Belgien), Vierzylinder-DB-Diesel, 26 PS, Baujahr 1957**

Zwei- und Dreizylindermotoren ausgerüstet waren. Die nur in Kleinserie fabrizierten Fahrzeuge waren weniger für die Feldarbeit, sondern in erster Linie zum stationären Antrieb schwerer Dreschmaschinen vorgesehen. Ihr Bau endete im Jahr 1959 nach nur 49 Exemplaren.

In den 1950er Jahren kamen einige weitere Produzenten hinzu wie z. B. 1955 die Motorenfabrik Geurtsen in Deventer, die unter dem Namen Gede einen mit 18 (später 22) PS starken luftgekühlten Zweizylinder-Deutz-Motoren des Typs F 2 L 612 ausgerüsteten Schlepper anboten. Neben diesem als Gede 20 bezeichneten Modell gab es auch einen Kleinschlepper mit 11 PS-Deutz-Diesel F 1 L 612. Etwa zur gleichen Zeit bereicherte das schließlich aus fünf Traktoren zwischen 12 und 36 PS bestehende Verkaufsprogramm der Firma J. M. van den Munckhof aus Horst das heimische Angebot. Bei der Motorbestückung griff man auf bewährte ein- bis dreizylindrige MWM-Antriebsaggregat und sechsgängige ZF-Triebwerke zurück. Alle genannten Modelle gehören heute zu den zwar wenig spektakulären, dafür aber umso mehr von Kennern beachteten, nur sehr selten zu sichtenden Erscheinungen auf Traktorveranstaltungen in unseren westlichen Nachbarländern.

Darüber hinaus gab es noch einige Firmen, die aus dem Ausland importierte Traktoren vertrieben und für den Inlandsmarkt umrüsteten. Hierzu zählte beispielsweise die Firma Unie in Barendrecht, die sich hauptsächlich mit IHC-Traktoren beschäftigte. Die überwiegend im Regionalbereich des Münsterlandes angebotenen Traktormodelle des deutschen Herstellers Heinrich Wesseler aus Altenberge wurden auch in den Benelux-Ländern vertrieben. In Anbetracht der geringen Größe des Produzenten, waren die unter den Namen Feldmeister bzw. Westfalia angebotenen Schlepper hauptsächlich in den Niederlanden verhältnismäßig stark vertreten. An deren Import und Umrüstung beteiligten sich mehrere Firmen, wie z. B. die Vewema Handelsgesellschaft in Gorichem. Vevema war der niederländische Ford-Importeur, auf dessen Initiative das Schleppersortiment durch die für die vielfach kleinparzellierten Höfe des Landes gut geeigneten leichteren Wesseler-Dieselmodelle mit 12 und 15 PS Motorleistung nach unten hin abgerundet werden sollte. Die überwiegend in einem leuchtenden Orange lackierten Feldmeister-Traktoren waren mit MWM-Motoren und ZF-Getrieben ausgerüstete Konfektionsmodelle, deren Leistungen zwischen 15 und 30 PS betrugen. In der zweiten Hälfte der 1950er Jahre er-

**Brons-Schlepper Typ EAT (Niederlande), Zweizylinder-Diesel, 60 PS, Baujahr 1936**

folgte der Import der Wesseler-Schlepper durch verschiedene Firmen, wie die C.H.V. in Veghel, C.V.V. Landbouwbelang in Roermond und Roelfs-Maschinenhandel in Venlo.

Gleichwohl reichten diese mehr als bescheidenen Bau- und Importkapazitäten in keiner Weise aus, den Schlepperbedarf in diesen Ländern zu decken. Hinzu kam, dass die einheimischen Hersteller die Produktion dieser Konfektionstraktoren infolge des immer härter werdenden Konkurrenzdrucks durch die großen ausländischen Mitbewerber spätestens im Laufe der 1960er Jahre gänzlich einstellen mussten.

Neben den einschlägigen deutschen Fabrikaten wie Hanomag, Deutz, Eicher, Lanz, Kramer und Güldner waren es englische und amerikanische, aber auch französische, schwedische, österreichische und sogar italienische Hersteller, die auf diesen Märkten vertreten waren. Daneben kamen auch Produzenten aus dem osteuropäischen Wirtschaftsraum zum Zug, deren Fahrzeuge sich durch verhältnismäßig niedrige Preise, Einfachheit und große Robustheit auszeichneten.

Im Mittelpunkt dieses Bilderbogens sollen dieses Mal nicht die hinlänglich bekannten deutschen, sondern ausländische Fahrzeuge stehen. Da die Oldtimer-Schlepperszene in diesen Ländern sehr ausgeprägt ist, kann man Jahr für Jahr neben den deutschen Fabrikaten ein buntes Kaleidoskop dieser hierzulande kaum anzutreffenden Typen und Marken auf den zahlreichen Treffen bewundern. Es ist allerdings nicht in allen Fällen verbürgt, ob sich diese Fahrzeuge tatsächlich in den Benelux-Ländern im aktiven Einsatz befunden haben; zum Teil wird es sich um später erworbene, museal erhaltene Sammlerstücke handeln.

Unter diesen Treffen ist die jährlich am letzten Juli-Wochenende stattfindende Großveranstaltung des

Gede-Schlepper (Niederlande), Zweizylinder-Deutz-Diesel F 2 L 612, 22 PS, Baujahr 1955

Gede-Kleinschlepper (Niederlande), Einzylinder-Deutz-Diesel F 1 L 612, 11 PS, Baujahr 1955

**Feldmeister (Niederlande), Zweizylinder-MWM-Diesel, 30 PS, Baujahr 1960**

HMT (Historische Motoren en Tractoren vereniging) von Panningen in der Nähe von Venlo einsamer Favorit in qualitativer und quantitativer Hinsicht. Bis zu 3 000 Objekte aller Art kann man auf den weitläufigen Ausstellungswiesen bewundern. Daneben gibt es einen ausgedehnten Zubehör- und Teilemarkt. Weitere Treffen in den Niederlanden, die ich persönlich empfehlen kann, sind Montfort, Tilligte, Nijnsel, Didam und Meddo. Neben Hunderten von Traktoren gibt es fast überall auch Dampfmaschinen, Standmotoren, Lastwagen, Pkw und Motorräder zu sehen. In Belgien treten die Veranstaltungen von Lanaken, Ravels (Weelde), Geel, Lontzen und Bocholt hervor. Besonders die letztere, immer am letzten Sonntag im Mai und von Cor Nijsen, dem Vorsitzenden der BTM (Bocholter Traktoren und Motoren) organisiert, zeichnet sich durch eine sehr freundliche Atmosphäre mit fast familiärem Charakter – trotz beständig anwachsender Teilnehmerzahlen – aus. Das Treffen findet jeweils unter wechselnden Themen statt, im Jahr 2009 stand die Marke Massey-Fergusson im Mittelpunkt.

Die auf dem nun folgenden Streifzug gezeigten Fahrzeuge können aus Platzmangel nur als Beispiele für die große Vielfalt der auf diesen Veranstaltungen anzutreffenden Traktoren stehen. Sie sollen den Leser vielleicht zu eigenen Exkursionen in diese Region inspirieren. Ganz gleich welche Hersteller und Typen auch interessieren: ein Blick über den Tellerrand in diese Richtung lohnt sich immer !

## Allis Chalmers

Dieses traditionsreiche amerikanische Unternehmen mit Sitz in Milwaukee stieg als Maschinenfabrik im Jahr 1914 erstmals in das Traktorgeschäft ein. Nach erfolgreicher Expansion durch Übernahme anderer Hersteller, konnte man in den 1930er Jahren mit verschiedenen, am Markt sehr erfolgreichen Typen hervortreten. Das Programm umfasste auch regelrechte Leichttraktoren, die für kleine Farmen, aber auch für die Pflege von Kulturen vorgesehen waren. Nach dem Zweiten Weltkrieg erweiterte Allis Chalmers die Modellpalette schnell um neue Traktoren. Waren es bisher ausschließlich Benzintraktoren, wurde 1955 der erste Dieselschlepper vorgestellt. Wenngleich Allis Chalmers auch zu den Erfolgreichen der Branche zählte, war dieser Hersteller, der mit guter und solider Bauqualität und einigen technischen Neuheiten aufwarten konnte,

**Allis Chalmers Typ B, Vierzylinder-Vergasermotor, 20 PS, Baujahr 1947**

**Allis Chalmers Typ ED 40, Vierzylinder-Diesel, 41 PS, Baujahr 1965**

nie ein ernsthafter Konkurrent zu den wirklich Großen wie International Harvester oder Deere & Company. Die Krise in der US-Landwirtschaft zu Beginn der 1980er Jahre führte schließlich zum Verkauf der Allis-Chalmers-Traktorsparte an die AGCO-Unternehmensgruppe.

### Belarus

Belarus-Traktoren wurden seit 1946 in Minsk in der früheren UdSSR, dem heutigen Weißrussland in riesigen Mengen hergestellt. Vor dem politischen Zusammenbruch der Sowjetunion belieferte dieser weltgrößte Traktorproduzent nicht nur alle Ostblockländer, sondern auch alle übrigen Weltmärkte. Die Traktoren zeichneten sich schon seit jeher durch eine zwar technisch weniger anspruchsvolle, dafür aber ausgewiesene Robustheit und Solidität aus. Es waren einfache Traktoren, die ihr Geld wert waren. Diese Modelle waren genau das Richtige für diejenigen Regionen, in denen einerseits keine optimalen Reparaturbedingungen herrschten, andererseits aber auch besondere Ansprüche an Geländefähigkeit und Zugkraft, wie z. B. in vielen Entwicklungsländern, gestellt wurden. Auch in den Benelux-Staaten können sich diese Traktoren einer relativ großen Verbreitung erfreuen.

### Bolinder-Munktell

Dieses 1932 durch die Fusion des Traktorenherstellers Munktell mit dem Motorenfabrikanten Bolinder entstandene Unternehmen, hielt relativ lange an der Glühkopftechnik fest, bevor man sich zunächst dem Halbdiesel, seit den 1950er Jahren aber dem reinen Dieselantrieb mit Direkteinspritzung zuwandte. Mit weit über 50 % lag der Exportanteil dieses Herstellers ungewöhnlich hoch. Obwohl es nach dem 1950 erfolgten Zusammenschluss mit Volvo ein einheitliches Verkaufsprogramm gab, unterschieden sich die BM-Traktoren durch ihre rote Lackierung von den in grün ausgeführten, technisch weitestgehend identischen Volvo-Modellen.

### Bukh

Der dänische Traktorenhersteller und Motorenfabrikant Bukh in Kalundborg gehörte zu jenen Fabrikanten, die sich bis in die 1970er Jahre, teilweise auch mit Exportaufträgen, über Wasser halten konnten. Auf

**Belarus MT 3, Vierzylinder-Diesel, 50 PS, Baujahr 1966**

Belarus 800 mit Fahrerhaus, Vierzylinder-Diesel, 80 PS, Baujahr 1979

Bolinder-Munktell BM 10, Zweizylinder-Zweitakt-Glühkopfmotor, 23 PS, Baujahr 1949

**Bolinder-Munktell T 350 Boxer, Dreizylinder-Diesel, 56 PS, Baujahr 1963**

**Bukh Typ 302, Zweizylinder-Diesel, 35 PS, Baujahr 1965**

Dauer aber war man der länderübergreifend auftretenden Konkurrenz nicht gewachsen, sodass nur der Rückzug aus diesem Markt vollzogen werden konnte. Auch in den Benelux-Staaten konnte Bukh einige Achtungserfolge erzielen.

## Case

Erst relativ spät brachte die Firma Jerome Case im Jahr 1911 ihren ersten Vergaser-Traktor heraus. Berühmt wurde das Unternehmen, das als Markensignet einen auf dem Globus sitzenden Adler gewählt hatte, den das Modell Crossmotor. Der Vierzylindermotor war, wie schon der Name verriet, quer eingebaut. 1929 erfolgte erstmals eine Abkehr von diesem seit 15 Jahren praktizierten, mittlerweile aber überholten Bauprinzip und ab 1939 wechselte man in der Lackierung von grau zu rot. Zweifelsohne gehörten in den 1930er Jahren die Case-Traktoren zu den solidesten und besten Maschinen, die auf dem Markt erhältlich waren. Nach Kriegsende griff man auf bewährte Konstruktionen zurück und konnte zeitweise den Platz als Amerikas drittgrößter Traktorenhersteller einnehmen. Mitte der 1950er ging man schließlich auf wahlweise erhältlich Dieselmotoren über. Nach Übernahme des französischen Herstellers SFV (Vierzon) ging das Unternehmen in den Besitz der Tenneco in Houston über. 1994 entstand die Case-IH, die sich wiederum mit New Holland zur CNH Global zusammenschloss.

## David Brown

Die Firma David Brown aus Meltham in England war als renommierter Getriebefabrikant tätig, ehe sie im Jahr 1939 in den Traktorbau diversifizierte. Bekannt geworden sind die zahlreichen an die Royal Airforce gelieferten Flugzeugschlepper. Ende des Jahres 1946 kam die verbesserte und sehr erfolgreiche Cropmaster-Baureihe heraus, welche es ab 1949 auch mit Dieselantrieb gab. Bis 1956 wurden insgesamt 100.000 dieser technisch sehr ausgereiften Traktoren ausgeliefert. Mit Übernahme durch die amerikanische Firma Tenneco im Jahr 1972 verschwand dieser Hersteller allerdings von der Bildfläche.

## Ferguson

Der Ire Harry Ferguson hatte kurz vor Kriegsausbruch die Dreipunkt-Geräteaufhängung entwickelt und sich damit in dem große Buch der Schleppergeschichte ver-

**Case 12-20 Crossmotor, Vierzylinder-Vergasermotor (quer eingebaut), 22 PS, Baujahr 1922**

Case Typ R, Vierzylinder-Vergasermotor, 18 PS, Baujahr 1936

David Brown 50 C, Flugzeugschlepper, Sechszylinder-Vergasermotor, 50 PS, Baujahr 1953

Ferguson TE 20, Vierzylinder-Vergasermotor, 26 PS, Baujahr 1952

Fiat Typ 211 R La Piccola, Zweizylinder-Diesel, 18 PS, Baujahr 1957

**Fiat 481 RC, Row-Crop-Schlepper, Vierzylinder-Diesel, 35 PS, Baujahr 1962**

ewigt. Weltweit bekannt wurde die Kooperation mit Henry Ford, die aber nicht lange Bestand haben sollte. Seither baute Ferguson eigene Traktoren. Das berühmteste Modell war der seit 1946 nicht nur in Amerika gefertigte kleinen graue, besser unter dem Spitznamen "Little Grey Fergie" bekannt gewordene, unter mehreren Bezeichnungen angebotene Schlepper. Seit 1951 gab es dieses Fahrzeug auch in einer Dieselvariante. Zwei Jahre später erfolgte der Verkauf des Unternehmens an Massey-Harris und man firmierte hinfort als Massey-Harris-Ferguson Ltd.

## Fiat

Der erste Traktor der Turiner Fiat-Werke entstand bereits im Jahre 1910. Bis zum Ende des Zweiten Weltkrieges blieben die Aktivitäten des Unternehmens hauptsächlich auf den Inlandsmarkt beschränkt. Mit dem 1948 vorgestellten kleinen 18-PS-Schlepper Typ 600 begann man den Blick auch auf Exportmärkte zu richten. Seither erfolgte die konsequente Ausweitung des Typenprogramms in alle Richtungen. Heute ist Fiat einer der Hauptaktionäre der riesigen CNH-Global-Gruppe.

## Ford

Nachdem Henry Ford im Jahr 1928 seine Schlepperproduktion in den USA beendete und die Fabrikation des Fordson-Traktors nach Irland verlegte, dachten viele, dass damit die endgültige Abkehr dieses Fabrikaten von dieser Branche vollzogen sei. Weit gefehlt, denn mit dem Modell 9 N wurde der Bau von Ackerschleppern in den Vereinigten Staaten ab 1939 wieder aufgenommen. Dieses war ein sehr fortschrittlicher Kleinschlepper und damit Vorläufer des modernen Universalschleppers, bei dem die von Harry Ferguson entwickelte Dreipunkt-Gerätekupplung zur Anwendung kam. Mit Erscheinen des Nachfolgetyps 8 N im Jahr 1947 endete auch die vertragliche Zusammenarbeit mit Ferguson. Da man im Hinblick auf die zukünftige Verfahrensweise zu keiner Einigung gelangte, Ford die Patente aber weiterhin nutzte und es ablehnte, Lizenzgebühren zu entrichten, kam es diesbezüglich zu langjährigen Rechtsstreitigkeiten. Da die Modelle von Ford und Ferguson auf den gleichen Konstruktionsgrundlagen basierten, braucht es kaum zu wundern, weshalb sich diese nicht nur in der Farbgebung so sehr ähnelten.

**Ford 9 Typ N, Vierzylinder-Vergasermotor, 23 PS, Baujahr 1939**

**Ford 4000, Dreizylinder-Diesel, Vierzylinder-Diesel, 61 PS, Baujahr 1969**

## Fordson

Wie erinnerlich hatte Henry Ford die Fabrikation des berühmten, seit 1917 mit großem Erfolg angebotenen Fordson-Schleppers im Jahre 1929 zunächst nach Cork in Irland und ab 1933 in das neuentstandene Werk in Dagenham in England verlegt. Da die Konstruktion des mittlerweile mehr als 25 Jahre alten Fordson F technisch überholt war, wurde mit dem Modell E 27 N im Jahr 1945 ein aktuellerer Nachfolger vorgestellt. Schon bald gab es diesen mit einer Dreipunkt-Hebevorrichtung ausgebildeten Traktor auch mit einem wirtschaftlicheren Perkins-Diesel. Seit 1952 gab es die kompakteren Major-Modelle mit modernerer Blechverkleidung, gefolgt von den kleineren Dexta-Typen. Diese Reihen brachten es auf sehr große Stückzahlen und wurden auch in großem Ausmaße exportiert.

## Hart-Parr

Die im Jahr 1897 in Madison im US-Bundesstaat Wisconsin gegründete Firma Hart-Parr baute 1902 ihren ersten Traktor. Waren es zunächst große, ölgekühlte Maschinen, setzte man ab 1918 auf handlichere Modelle mit quer eingebauten Motoren. 1924 entstand eine neue Typenreihe, zu der auch das Modell 18-36 zählte. Es waren trotz allem recht schwergewichtige Rahmenkonstruktionen, die zunächst nur mit einem Zweigang-, später Dreiganggetriebe ausgerüstet waren. Die gesamte Branche stand damals unter einen enormen Wettbewerbsdruck, wobei dieser einst so bedeutende Hersteller technisch zunehmend ins Hintertreffen geriet. Hinzu kam die Weltwirtschaftskrise, die 1929 den Ausschlag zu einer Fusion mit der Firma Oliver gab.

## International Harvester

Die in Chicago ansässige International Harvester Company entstand im Jahre 1902 durch Fusion der beiden Hauptkonkurrenten McCormick und Deering sowie 3 kleinerer Mitbewerber. Lange Zeit hielt dieses Unternehmen die führende Rolle in den USA inne. Und dies obwohl durch die interne Rivalität der Händler, welche sich entweder als Vertreter von McCormick oder Deering, niemals aber als Repräsentant beider Marken betrachteten, viel Energie nutzlos vergeudet wurde. Doch die Traktoren waren so solide und zuverlässig, dass diese hausgemachten Probleme den Absatz wesentlich beeinträchtigen konnten und nur zu einer geringen Au-

**Fordson F, Vierzylinder-Vergasermotor, 18 PS, Baujahr 1921 (noch in den USA gefertigt)**

**Fordson Power Major, Vierzylinder-Diesel, 52 PS, Baujahr 1962**

**Hart-Parr Typ 18-36 G, Zweizylinder-Vergasermotor, 36 PS, Baujahr 1927**

**International Harvester Typ 8-16 Junior, Vierzylinder-Vergasermotor, 16 PS, Baujahr 1919**

**International Harvester McCormick-Deering Typ 15-30 Vierzylinder-Vergasermotor, 30 PS, Baujahr 1930**

**International Harvester Farmall F 30, Row-Crop-Schlepper, Vierzylinder-Vergasermotor, 33 PS, Baujahr 1934**

**International Harvester McCormick Farmall M, Vierzylinder-Vergasermotor, 35 PS, Baujahr 1941**

International Harvester McCormick BWD 6, Vierzylinder-Diesel, 36 PS, Baujahr 1954

International Harvester McCormick Farmall Fc, Breitspurtraktor, Vierzylinder-Vergasermotor, 22 PS, Baujahr 1951

ßenwirkung führten. Die frühen Traktoren liefen unter den Typenbezeichnungen Mogul und Titan und waren, obwohl schon wesentlich kleiner als ihre Vorgänger, immer noch recht voluminöse Maschinen. 1924 präsentierte sich der mit einer Vielzahl von Anbaugeräten erhältliche leichte Mehrzwecktraktor Farmall. 1934 erschien mit dem WD 40 der erste IH-Traktor mit Dieselmotor, der aber noch mit Benzin gestartet werden musste. Bis zum Beginn des Zweiten Weltkrieges konnte man der Kundschaft eine breite Angebotspalette offerieren. IH-Traktoren wurden nicht nur in den USA, sondern auch in Deutschland, England, Frankreich und Australien produziert, die sich hinsichtlich ihrer Bauausführung und Bezeichnung unterschieden. Auch in den Benelux-Staaten waren die allerdings überwiegend aus dem deutschen Werk in Neuss bezogene IH-Traktoren sehr beliebt. Selbst ein derart global agierender Gigant wie die International Harvester war keineswegs so krisenresistent, wie man es eigentlich vermuten sollte. Die Wirtschaftskrise zu Beginn der 1980er Jahre hatte zur Folge, dass sich Verluste in Milliardenhöhe angesammelt hatten. Mit dem im Jahr 1984 erfolgten Verkauf an die Tenneco Inc. war das Ende dieses traditionsreichen Herstellers gekommen.

## Deere & Company

Als die Firma Deere & Company aus Moline/USA im Jahr 1918 mit ihrer Schlepperproduktion in größerem Umfang begann, konnte sie auf eine lange Tradition als Hersteller landwirtschaftlicher Maschinen zurückblicken. Anlass für diesen Schritt war die Erfordernis zu einer Produktausweitung. Um Entwicklungskosten zu sparen, wurde die Waterloo Gasoline Engine Company komplett übernommen und die bisher von diesem Unternehmen gefertigten Traktoren eine Zeitlang weitergebaut. Mit dem 1923 entstandenen Modell D kam der erste klassische John Deere-Schlepper auf den Markt. Die Konstruktion war so erfolgreich, dass sie mit entsprechenden Weiterentwicklungen bis 1953 im Programm blieb. Die 1930er Jahre brachten eine enorme Ausweitung des Typenprogramms in allen Leistungsklassen. Dieses bestand aus einer Vielzahl von Standard-, Row-Crop-, bzw. Breitspurtraktoren. Kettenschlepper steuerte die Firma Lindeman bei, bevor sie ebenfalls im Deere-Konzern aufging. Seit 1948 waren die ersten Modelle - allen voran der Typ R - wahlweise mit einem Dieselmotor lieferbar. Die 1950er Jahre führten zu einer weiteren Konsolidierung in der Modellpolitik und zu vielen Verbesserungen, was

**John Deere Typ A, Row-Crop-Schlepper, Zweizylinder-Vergasermotor, 24 PS, Baujahr 1942**

**John Deere Typ R, Zweizylinder-Dieselmotor, 51 PS, Baujahr 1948**

**Landini Velite, Einzylinder-Glühkopfmotor, 28-32 PS, Baujahr 1935**

die Ausrüstung der Traktoren mit innovativer Technik betraf. Deere & Company hat weltweit als einziger großer Hersteller bis heute seine Unabhängigkeit bewahren können und ist seit vielen Jahren die Nummer eins als Traktoren- und Landmaschinenhersteller auf unserem Erdball. Die in den Niederlanden, Belgien und Luxemburg zu findenden Fahrzeuge stammen zu einem großen Teil aus dem deutschen Werk Mannheim, der früheren Fertigungsstätte der berühmten Lanz-Bulldogs.

## Landini

Die von Giovanni Landini errichtete Maschinenfabrik stellte anfänglich Land- und Dampfmaschinen her, bevor sie sich dem Traktorenbau zuwandte. 1927 brachte dieses Unternehmen das erste Exemplar eines dem Lanz-Bulldog nachempfundenen 30 PS-Glühkopfschleppers an die Öffentlichkeit. Bald folgten stärkere Modelle und der Unternehmen wurde führend auf dem italienischen Markt. Nach dem Zweiten Weltkrieg wurde die Produktion zunächst weitgehend unverändert fortgeführt. Das Jahr 1956 brachte die Abkehr von der traditionellen, mittlerweile aber veralteten Glühkopftechnik und die Ausrüstung der Schlepper mit modernen Perkins-Dieselmotoren. 1960 wurde Landini von dem Massey-Ferguson-Konzern übernommen und ist auch heute noch in der Branche präsent.

## Le Percheron

Aufgrund des ausgezeichneten Rufes, den die Lanz-Bulldogs aus Mannheim in Frankreich genossen, wurde in den späten 1930er Jahren die Lizenzfertigung des D 7506 von der Firma SNCAC aus Colombes bei Paris aufgenommen. Kurz vor Kriegsbeginn lief die Fertigung der 25 PS starken Glühkopfmaschinen unter der Bezeichnung "Le Percheron" - das ist eine Rasse schwerer Zugpferde - an. Nach Kriegsende wurde der Bau noch bis Mitte der 1950er Jahre - nunmehr allerdings ohne Lizenz - fortgeführt.

## Marshall

Die englische Firma Marshall Sons & Company baute seit 1908 Traktoren mit Verbrennungsmotoren und ab 1930 Glühkopfschlepper nach dem Vorbild des Lanz-Bulldogs HR 5. Im Gegensatz zu jenem besaßen die Traktoren von Marshall seit Beginn einen wassergekühlten Vorkammer-Dieselmotor. Nach dem Krieg

**Landini L 25, Einzylinder-Glühkopfmotor, 25 PS, Baujahr 1954**

**Le Percheron T 25 R, Einzylinder-Glühkopfmotor, 25 PS, Baujahr 1948.**

**Field Marshall in Raupenausführung, Einzylinder-Glühkopfmotor, 40 PS, Baujahr 1951**

**Zwei motorisch unterschiedlich ausgeführte Massey-Harris-Pony-Modelle aus den Jahren 1952 und 1953**

**Massey-Ferguson DT 7000, Allradantrieb, Vierzylinder-Diesel, 65 PS, Baujahr1966**

kamen verschiedene verbesserte Serien heraus, was aber nicht darüber hinwegtäuschen konnte, dass auch die englischen Glühköpfe technisch überholt und am Markt immer weniger gefragt waren. Daher stellte Marshall im Jahr 1957 diese Sparte gänzlich ein und spezialisierte sich auf Raupenfahrzeuge.

## Massey-Harris

Die Massey-Harris Company aus Toronto/Kanada begann erst im Jahr 1928 mit dem eigenständigen Traktorenbau. Das erste Fahrzeug - es war der Typ 15/22 General Purpose - war ein sehr fortschrittlicher eisenbereifter Knicklenker, dessen Bau - neben weiteren Modellen - bis 1938 fortgeführt wurde. Nach Kriegsende folgten technisch verbesserte Fahrzeuge, zu denen auch das sehr bekannte und erfolgreiche Modell Pony gehörte. 1953 fusionierte man mit dem englischen Hersteller Ferguson, konnte aber die bisher gefertigten Traktoren zunächst weiter produzieren.

## Massey-Ferguson

Der 1995 in den amerikanischen AGCO-Konzern aufgegangene Landmaschinenhersteller Massey-Ferguson kann auf eine sehr wechselvolle Geschichte zurückblicken. Sie begann 1847, als der kanadische Schmied Daniel Massey seine ersten Ackergeräte zu fertigen begann. 1892 tat sich das mittlerweile stark expandierte Unternehmen mit seinem wichtigsten Mitbewerber Alanson Harris zusammen. So entstand die Firma Massey Harris mit Sitz in Toronto. 1928 wurde der Traktorenbau ins Programm genommen und 1953 kam es zu einer Verschmelzung mit der Firma Harry Ferguson zur Massey-Harris-Ferguson Ltd. 1958 änderte man aus verkaufstechnischen Gründen den Namen in Massey-Ferguson. Durch weitere Firmenübernahmen, so des renommierten Motorenherstellers Perkins und des italienischen Traktorproduzenten Landini, konnte M+F seine Marktposition weltweit weiter ausbauen. Die nachfolgende 100er-Schlepperreihe brachte einen großen Erfolg, aber Fehleinschätzungen vor allem im internationalen Baumaschinengeschäft führten Ende der 1970er Jahre zu großen Verlusten. Heute ist diese Krise überwunden und M+F erwirtschaftet mittlerweile mehr als die Hälfte des Umsatzes innerhalb des AGCO-Konzerns und nimmt einen großen Anteil des Weltmarktes ein.

Massey-Ferguson 1080 A, Allradantrieb, Vierzylinder-Diesel, 81 PS, Baujahr 1970

Nuffield Universal M 4, Vierzylinder-Diesel, 56 PS, Baujahr 1956

**Der Nuffield Diesel Traktor 4/65 wird 1967 eingeführt**

**Renault Typ R 7012, Vierzylinder-Perkins-Diesel, 42 PS, Baujahr 1951**

## Nuffield

Kurz nach Kriegsende unternahm die Firma Nuffield den Versuch, in England eine von Fordson unabhängige Traktorproduktion aufzuziehen. Das erste Modell war der Typ M 4, dessen Bau 1948 aufgenommen werden konnte. Dieser und auch die folgenden Nuffield-Traktoren waren einfach, ausdauernd und kaum reparaturanfällig. Zudem konnten die Fahrzeuge ab 1954 auch mit Dieselmotoren bestückt werden. Ein wesentlicher Bestandteil der Produktion ging in den Export. Die orangefarbenen Nuffield-Traktoren überlebten bis 1969 bevor das Unternehmen mit British Leyland fusionierte.

## Renault

Der in Frankreich mit Abstand bedeutendste Traktorenhersteller war die Firma Renault. Dieses Unternehmen fertigte zunächst Raupenfahrzeuge und nahm im Jahr 1918 die Schlepperfertigung auf. Aus den 1931 begonnenen Versuchen mit Dieselmotoren ging zwei Jahre später der erste mit dieser Antriebsart versehene Traktor hervor. Auch nach Kriegsende blieb Renault weiter aktiv. Diese Firma gehört zu den wenigen Herstellern, die sich im internationalen Verbund bis heute eine gewisse Eigenständigkeit erhalten konnten.

## Rumely

Die seit Beginn des 20. Jahrhunderts mit dem Bau von Landtechnik und Dampfmaschinen befasste Firma Advance-Rumely Thresher Company fabrizierte im Jahre 1909 ihren ersten, unter dem Namen Oil-Pull angebotenen Traktor. Dieses und alle folgenden Modelle zeichneten sich durch großvolumige, niedrig drehende Vergasermotoren mit Wassereinspritzung und Ölkühlung aus. In der zweiten Hälfte der 1920er Jahre ging dieser Hersteller zum Bau blockkonstruierter Traktoren über, bevor er 1931 von Allis Chalmers übernommen wurde und vom Markt verschwand.

## Steyr

Die Firma Steyr – der größte österreichische Fabrikant dieser Branche – begann erst nach Kriegsende mit dem Bau von Traktoren. Es waren sehr robuste Fahrzeuge, die nur ein Mindestmaß an Wartung erforderten und

**Renault Typ V 72, Schmalspurtraktor, Zweizylinder-MWM-Diesel, 24 PS, Baujahr 1960**

**Rumely Oil-Pull Typ 16-30 H, Zweizylinder-Vergasermotor (Kerosinbetrieb), 30 PS, Baujahr 1918**

**Steyr-Diesel Typ 280 a, Vierzylinder-Diesel, 68 PS, Baujahr 1959**

**Volvo T 230, Zweizylinder-BM-Dieselmotor, 32 PS, Baujahr 1959**

deren Motoren auch in die hauseigenen Lastwagen eingebaut wurden. Schon bald erhielten die zu einer umfassenden Baureihe aufgestockten Steyr-Dieseltraktoren zunehmend leistungsstärkere Motoren. Bereits 1952 stellte man mit dem Typ 280 einen 60 PS starken Dieselschlepper her, dem 1958 der auf 68 PS leistungsgesteigerte 280 a folgen sollte. Ein großer Teil der Gesamtproduktion ging in den Export, wobei auch zahlreiche Traktoren ihre Besitzer in den Benelux-Ländern fanden. Bis heute konnten sich verschiedene Modelle dieses Herstellers in der Tenneco-Palette halten.

## Vierzon

Im Jahr 1931 nahm die in Vierzon ansässige Firma Société Française, damals der größte Landmaschinenhersteller Frankreichs, die Fertigung des ersten Schleppers auf. Ebenso wie die Bulldogs von Lanz verwendete man als Antrieb die bewährten Glühkopfmotoren. 1947 begann die Traktorenproduktion erneut mit Modellen, die sich von den Vorkriegsfahrzeugen kaum unterschieden. 1951 entstand mit dem 52 PS starken Modell 551 der größte Glühkopfschlepper dieses Herstellers. Seit Mitte der 1950er Jahre begann – trotz des Übergangs zum Halbdiesel – der langsame Niedergang des Unternehmens mit dem Ergebnis, dass die eigenständige Traktorenfertigung etwa Mitte der 1960er Jahre gänzlich eingestellt werden musste.

## Volvo

Die Volvo AG in Göteborg begann zu Beginn der 1950er Jahre mit dem Bau einer umfassenden Schlepperbaureihe, die von modernen ein- bis sechszylindrigen Dieselmotoren mit Direkteinspritzung angetrieben wurden. Diese entsprechend den harten klimatischen Verhältnissen im Norden Europas besonders robust konzipierten Traktoren waren sehr gefragte Exportobjekte und auch in den Benelux-Staaten sehr beliebt.

## Zetor

Der aus einem früheren Rüstungsbetrieb entstandene tschechoslowakische Schlepperhersteller Zetor aus Brünn wurde unmittelbar nach Kriegsende beauftragt, den Bau der für die Landwirtschaft dringend benötigten Ackerschlepper aufzunehmen. Mit dem mittelschweren Modell 25 konnte dieses Ziel bereits 1946 realisiert werden. Dieses und auch die folgenden Zetor-Modelle waren besonders erfolgreich im Exportgeschäft vertreten, weil sie sich nicht nur durch ein günstiges Preis-Leistungs-Verhältnis, sondern auch durch Einfachheit und gute Funktionalität auszeichneten. Diesem Erfolgsgeheimnis ist es in erster Linie zu verdanken, dass Zetor sich auch im neuen Jahrtausend weiterhin gut behaupten kann.

**Vierzon Typ 201, Einzylinder-Halbdieselmotor, 18 PS, Baujahr 1953**

**Vierzon Typ HN, Einzylinder-Glühkopfmotor, 35 PS, Baujahr 1935**

**Zetor Typ 2011, Zweizylinder-Direkteinspritz-Diesel, 25 PS, Baujahr 1965**

# Kirovets

## Traktoren aus St. Petersburg

**von Oliver Aust**

Kirovets ist ein russischer Hersteller von Landmaschinen mit Sitz in St. Petersburg. Der erste Radtraktor des Unternehmens lief im Jahr 1962 vom Band. Seit dieser Zeit produzierte Kirovets mehr als 460 000 Traktoren der K 700er Baureihe, die eine Leistung von bis zu 500 PS erreichen. Zu Anfang der Produktion fanden diese Maschinen zum größten Teil Verwendung beim Militär. Später wurden sie auch in der Landwirtschaft verwendet, wo sich heute noch viele im Einsatz befinden. Besonders häufig trifft man sie in den ostdeutschen Ländern auf den groß strukturierten Betrieben an. Die Kirovets Schlepper beeindrucken mit ihrer Größe und den Motorengeräuschen und durften bei Militärparaden in Moskau Raketen ziehen.

Als Weiterentwicklung des K 700 folgte der Radtraktor K 701 M mit neuem Motor, neuem Getriebe, neuer Kabine, Anhängerkupplung und größeren Reifen zur Entlastung des Bodens.

Mit den Traktoren K-734 DS und K-744 DS präsentierte Kirovets eine neue Schleppergeneration vor. Bei diesen robusten Knicklenkern wurde auf die Zuverlässigkeit der bewährten Baugruppen Motor, Getriebe, Achsen und Rahmen aufgebaut und für die Traktoren ein neues Design, wiederum eine neue Kabine, Lenkung, Hydraulik und Elektronik entwickelt. Bei der Neuentwicklung wurde den technischen Anforderungen der EG Rechnung getragen und somit Probleme wie Umsturzsicherheit, Notlenkeigenschaft und Sichtbeeinträchtigung gelöst.

**Der Kirovets K 700 imponiert mit seinen Ausmaßen und 220 PS**

Weitere Neuentwicklungen der St. Petersburger folgten. So kam der K 744-A und K 744 mit 250 und 350 PS auf den Markt. Diese Schlepper besaßen einen Deutz Motor, während die älteren Modelle einen Jams Motor einer amerikanischen Firma eingebaut hatten. Der K 745 war wahlweise mit Deutz (BF8M 1015 C) oder Mercedes (OM 502 LA) Motor ausgerüstet. Das Getriebe bestand aus zwölf Vorwärts- und zwei Rückwärtsgängen. Das Fahrwerk besaß eine stabile Rahmenbauweise. Das Leergewicht des Schleppers betrug 17100 kg und der Wenderadius 7700 mm.

## Kirovets K 700

Der K 700 zeichnet sich durch seine robuste Konstruktion aus. Der zuverlässige Dieselmotor vom Typ Jams 238 ND mit Turboaufladung arbeitet wirtschaftlich und problemlos. Durch seinen günstigen Drehmomentverlauf besitzt der Motor ein ausgezeichnetes Leistungsvermögen und eine hohe Standfestigkeit. Das mechanische Stufengetriebe ist mit vier Vorwärts- und zwei Rückwärtsgruppen sowie vier Gängen je Gruppe unter Last schaltbar, ohne das der Kraftfluss unterbrochen wird. Beim Vorwärtsfahren ist eine Geschwindigkeitsabstufung von 2,11 bis 30 km/h und beim Rückwärts fahren von 6,4 bis 23 km/h möglich. Die beiden Triebachsen sind mit automatisch wirkender Differentialsperre ausgerüstet. Der Antrieb der hinteren Achse ist abschaltbar. Der K 700 A zeichnet sich durch ein stabiles, vielseitig einstellbares Dreipunktgestänge aus, das der Kategorie IV entspricht. Durch die Seitenstabilisierung der unteren Lenker ist das Auspendeln der Anbaugeräte im ausgehobenen Zustand begrenzt. Beide Hubstangen sind längenverstellbar und besitzen einen Hubausgleich. Die unteren Lenker können mit Schnellkuppeleinrichtungen der Kat. III beziehungsweise IV ausgerüstet werden. Das Hydrauliksystem zeichnet sich durch eine hohe Pumpenleistung, hohe Hubkraft und das doppelwirkende Steuergerät mit zwei Zusatzeinrichtungen aus.

Um eine optimal bodenschonende Kraftübertragung zu erreichen, kann der K 700 A auch mit Terra-, Zwillings- oder Drillingsbereifung gefahren werden. Die Umrüstung erfolgt schnell und problemlos.

### Technische Daten K 700

| | |
|---|---|
| **Hauptmaße und Gewichte** | |
| Höhe | 3685 mm |
| Breite | 2850 mm |
| Länge | 6385 mm |
| Spurweite | 2115 mm |
| Radstand | 3200 mm |
| Gewicht | 12900 kg |
| Motor | Jams 238 ND mit Kat Abgas – Turbolader 220 PS |
| Zylinder | 8 |
| Zylinderanordnung | V-förmige |
| Drehzahl | 1800 U/min |
| Getriebe | mechanisch unter Last hydraulisch schaltbar |
| Gangzahl | 16/8 V/R |
| Bremsen | Backenbremse, Druckluft |
| Zapfwelle | 1000/min |
| Lenkung | hydrostatisch Rahmenknicklenkung |
| Hydraulikpumpenleistung | 75 l/min |
| Hydr. Druck max. | 14 Mpa |
| Hubkraft | III/55000 N |
| Arbeitskreisläufe | 3 |
| Kabine | Standardkabine |

Der 12 900 kg schwere Kirovets K 700 ist auf großen Flächen in seinem Element

Dem K 701 M wurde ein Motor vom Typ Jams 8423 mit Abgasturbolader und Ladeluftkühlung eingebaut. Die Leistung beträgt 320 PS. Das mechanische Getriebe ist unter Last schaltbar und beinhaltet 16 Vorwärts- und acht Rückwärtsgänge. Eine Anhängerkupplung ist in die unteren Lenker einsetzbar, aber nur optional erhältlich. Sicherheitskabine mit moderner Instrumententafel

Der 14 000 kg schwere Kirovets K 744 DS ist ein robuster Knicklenker. Der 8-Zylinder Jams-Motor leistet 335 PS. Die neue schwingungs- und geräuschgedämmte Kabine ist mit luftgefedertem Sitz und Klimaanlage ausgestattet. Die starke Hydraulik, die leistungsstarke Zapfwelle und die EHR von Bosch machen den Traktor zu einer vielseitigen Zugmaschine

In der Leistungsklasse von 147 bis 267 PS folgten die K 3000 und K 5000, die mit Deutz Motoren und mit Valtra Lastschaltgetrieben arbeiten. 2005 stellte man diese Schlepper erstmals auf der Agritechnica in Hannover dem deutschen Markt vor. Sie sind für jede Art von landwirtschaftlichen Arbeiten anwendbar. Der Preisvorteil ist allerdings das überzeugendste Argument

# Ein Meilenstein: Hanomag WD-Radschlepper

von Michael Bach

Mit einem zeitlichen Abstand von gut achtzig Jahren ist es einfach, festzustellen, dass die Schlepper-Entwicklung in Deutschland nach dem Ersten Weltkrieg stagnierte: Bei der Mechanisierung der Landwirtschaft dominierte noch immer die Dampfkraft, und es gab noch immer eine gewisse Zahl der schweren, ungelenken Tragpflüge verschiedener Hersteller, die auf großen Gütern zum Einsatz kamen. Auf kleinen und mittleren Höfen hingegen war die Arbeit für Menschen und Zugtiere unverändert schwer. Erste Schlepper-Konstruktionen aus der Vorkriegszeit hatten, wenn sie überhaupt jemals richtig funktionierten, den Krieg nicht überstanden.

Nun war es nicht etwa so, dass Technikern und fortschrittlich denkenden Landwirten, vor allem den akademisch gebildeten, nicht klar gewesen wäre, dass etwas geschehen musste, um die Nahrungsmittelproduktion zu sichern. Erste Schritte in die richtige Richtung brachte das Jahr 1921: der Lanz Bulldog HL, der berühmte „Zwölfer" erschien, aber er war noch kein Ackerschlepper. Der Benz-Sendling S 6, der definitiv erste Dieselschlepper der Welt, kam annähernd zeitgleich heraus. Er konnte aber trotz seines epochalen Motors in seiner ausgefallenen Dreirad-Bauweise sicher auch nicht auf Dauer erfolgreich sein, abgesehen davon, dass er viel zu teuer war, um einen Durchbruch zu erzielen. Ähnlich sah es bei der Motorpflug-Fabrik Pöhl aus: War man hier vor dem Krieg mit zum Teil abenteuerlich anmutenden Tragpflug- und Schlepper-Konstruktionen hervorgetreten, stellte die im gleichen Jahr präsentierte „Ackerbaumaschine" schon ziemlich genau das dar, was die Zeit erforderte. Aber auch hier verhinderte eine beinahe handwerkliche Fertigung größere Stückzahlen und damit erschwingliche Preise.

Nicht zuletzt waren es die durch die Regelungen des Versailler Vertrages entstandenen Demontagen, Reparationsleistungen und Produktionsbeschränkungen, die die Wirtschaftskraft Deutschlands stark schwächten und einen innovativen Schub zunächst noch behinderten. Große, prinzipiell potente Hersteller wie Büssing oder Daimler versuchten überdies, ihre in beachtlicher Stückzahl auf Halde stehenden, nicht mehr zum Kriegseinsatz gelangten, schweren Artillerie-Zugmaschinen für landwirtschaftliche Zwecke umzuwandeln. Aber auch diese „Schwerter zu Pflugscharen"-Aktion konnte die dringend benötigte Lösung einer Motorisierung der Landwirtschaft natürlich nicht bringen – zu wenig geeignet waren die schweren Maschinen für den Einsatz auf dem Acker. Dennoch muss man leider eingestehen, dass der Erste Weltkrieg, wenn auch nicht Vater aller, so doch vieler Dinge war (vor allem auf dem Sektor der Technik) und eine Entwicklung vorangetrieben hatte, die nun zivile Früchte trug. Auf den Erfahrungen mit den kettengetriebenen Tanks, die auf den ersten Panzern aufbauten, beruhten die ersten Raupenschlepper. Technische Meisterleistungen, die der herausragende Fahrzeug-Konstrukteur Josef Vollmer (1871-1955) unter anderem für die Hanomag realisierte: die legendären Typen

Vorserienmodell des WD-Radschleppers, 1924

Vom Raupenschlepper WD Z 25 stammte der Motor

**Die ersten Exemplare wurden auf mehreren Betrieben erprobt**

Z 25 und Z 50. Mit dem Vierzylinder-Vergasermotor des kleinen Raupenschleppers Z 25 hatte Vollmer die Weichen für einen echten Erfolgstyp gestellt. Vor diesem Erfolg türmten sich in der ersten Hälfte der zwanziger Jahre des vorigen Jahrhunderts aber noch beträchtliche Hürden. Einige allgemein- und damit auch für Landwirtschaft und Landmaschinen-Industrie gültige, wirtschaftsgeschichtliche Tatsachen müssen in die Erinnerung zurückgerufen werden. Der Zeitraum, um den es hier geht, war von einer der schlimmsten Inflationen aller Zeiten gekennzeichnet. Auf deren Höhepunkt, im Jahr 1923, war eine Billion Papier-Mark gerade noch eine Goldmark wert: schlechter konnten die Voraussetzungen für innovative Entwicklungen nicht sein. Diese jedoch hatten jenseits des Atlantiks längst stattgefunden: 1917, mitten im Krieg, hatte Henry Ford in den USA seinen Fordson F vorgestellt, der sofort in größten Stückzahlen hergestellt wurde. Ermöglicht wurde dies durch modernste Fließbandproduktion in der revolutionären, rahmelosen Blockbauweise, so dass der Fordson F extrem preisgünstig hergestellt wurde. Dieser Schlepper hatte im Krieg einen entscheidenden Beitrag dazu geleistet, dass die britische Landwirtschaft und damit die Ernährungsgrundlage Englands trotz nahezu völliger Blockade durch deutsche U-Boote nicht zusammengebrochen war: mehr als 5.000 Stück wurden im Zeitraum von Sommer 1917 bis April 1918 nach Großbritannien exportiert. Der Erfolg des Fordson war durchschlagend. Bereits 1921 hatte ein brandenburgischer Großgrundbesitzer mit Hilfe einer Sondergenehmigung acht Exemplare auf seine Güter holen können. Ein weiteres Einfallstor für den Fordson war das nach Kriegsende französisch besetzte Rheinland gewesen, in dem die Schutzmaßnahmen der Reichsregierung zur Stützung der deutschen Industrie keine Geltung hatten. 1924 liefen hier bereits 200 Stück zur vollsten Zufrie-

**Frühes Serienmodell von 1925 mit Elementen-Kühler, aber schon neuer Kühlermaske** (Besitzer: Jürgen Lining, Hannover)

denheit ihrer Besitzer. In Deutschland lief eine erbitterte Auseinandersetzung zwischen protektionistisch orientierten Kreisen in Industrie und Landwirtschaft (wie sie unter anderem in der DLG anzutreffen waren) und solchen, die fortschrittlich und kostenbewusst dachten (z. B. Wissenschaftler wie der legendäre Prof. Gustav Fischer von der Landwirtschaftlichen Hochschule Berlin und die Ingenieure des „Reichsausschusses für Technik und Landwirtschaft“, dem späteren RKTL). Die Fortschrittlichen konnten sich durchsetzen. Einer Empfehlung an das Reichsministerium für Ernährung und Landwirtschaft, 500 – 1.000 Fordson-Schlepper einzuführen, wurde schließlich stattgegeben. Im Jahr 1925 war dann jeder siebente in Deutschland neu gekaufte Schlepper ein Fordson F, ein Jahr darauf schon jeder fünfte. 1926 wurden die wirtschaftlichen Bedingungen allmählich besser, und der Hauptausschuss des Deutschen Reichstages beschloss eine Finanzierungsaktion zur „Stützung der deutschen Kraftpflug-Industrie“, die zur Gründung der „Finanzierungsgesellschaft für Landkraftmaschinen (Traktorbank)“, kurz FIGELAG, führte. Deren Ziel war es, den Landwirten durch zinsvergünstigte Kredite die Anschaffung von Schleppern und Landmaschinen zu ermöglichen. Ein solcher Kredit hatte eine Laufzeit von 26 Monaten. Der Käufer eines Schleppers leistete eine Anzahlung von 20 Prozent, den verbleibenden Rest bezahlte er aus den Ernten der nächsten zwei Jahre je zur Hälfte, also weitere 40 Prozent durch zwei Wechsel pro Jahr. Der Hersteller des Schleppers reichte die Wechsel zur Diskontierung bei der „Traktorbank“ ein. Diese kluge wirtschaftspolitische Maßnahme war von größter Bedeutung für die deutsche Landwirtschaft und Landmaschinen-Industrie, vor allem jedoch für jenen legendären Schlepper, dem wir uns jetzt endgültig zuwenden: für 4.800 RM konnten die Landwirte einen

Original: Typenschild eines WD R 28/32

Hervorragend restauriert: WD-Ackerschlepper im Freilichtmuseum Am Kiekeberg

**Nicht weniger gut gelungen: der WD von Nico Wilcken, hier beim Abladen in Brokstedt**

der Hanomag WD-Radschlepper aus dem insgesamt 750 Stück umfassenden Kontingent für dieses Modell im Rahmen der Kreditaktion kaufen. Das Markenzeichen WD, das für die Namen der beiden Initiatoren des berühmten Tragpfluges, den Ingenieur Wendeler und den Landwirt Dohrn stand und das auch die beiden Raupenschlepper Z 25 und Z 50 kennzeichnete, behielt man aus kaufmännischen Überlegungen auch nach dem 1924 endgültig eingestellten Bau der Tragpflüge ebenso bei wie die Herkunftsangabe der Maschinen: die Deutsche Kraftpflug-Gesellschaft mit Sitz in Berlin. Dieses Tochterunternehmen der Hanomag hatte, auch wenn es „nur" die Vertriebs-Organisation war, zu dem weltweit guten Ruf aller dieser Maschinen entscheidend beigetragen, und auch die Neukonstruktion sollte und konnte davon profitieren. Erst im Jahr 1928 erlosch die Deutsche Motorpflug-Gesellschaft, und es war fortan offiziell nur noch die Rede von Hanomag.

| | **HANOMAG WD R 26** | **HANOMAG WD R 28/32** | **Fordson F** |
|---|---|---|---|
| Motor | Vierzylinder-Viertakt | Vierzylinder-Viertakt | Vierzylinder-Viertakt |
| Bohrung (mm) | 95 | 95 | 101,6 |
| Hub (mm) | 150 | 150 | 127 |
| Hubraum ($cm^3$) | 4.252 | 4.252 | 4.116 |
| Leistung (PS) | 26 | 28-32 (je nach Kraftstoff) | 21,9-23,6 (je nach Kraftstoff) |
| Drehzahl (U/min) | 1.000 | 1.100 | 1.000 |
| Vergaser | Graetzin | Graetzin | Holley/Zenith |
| Zahl der Gänge | 3 V/1 R | 3 v/1 R | 3 V/1 R |
| km/h (Acker) | 2; 4,5; 8/1,6 | 2; 4,5; 8/1,6 | 3; 5,5; 13,9/? |
| km/h (Straße) | 3; 6,5; 15/2,5 | 3; 6,5; 15/2,5 | |
| Länge (mm) | 3.130 | 3.130 | 2.650 |
| Breite (Acker) | 1.744 | 1.640 – 1.744 | 1.600 |
| Breite (Straße) | 1.600 | 1.600 | |
| Bodenfreiheit (mm) | 250 | 250 | |
| Radstand (mm) | 1.660 | 1.660 – 1.692 | 1.605 |
| Gewicht Acker (kg) | 1.950 | 1.950 – 2.170 | 1.360 |
| Gewicht Straße (kg) | - 3.500 | 2.600 – 3.50 | |
| Achslast vorn (kg) Acker | | 755 | 520 |
| Achslast vorn (kg) Straße | | 765 | 580 |
| Achslast hinten (kg) Acker | | 1.415 | 840 |
| Achslast hinten (kg) Straße | | 2.030 | 1.370 |
| Zughakenleistung Acker (kg) | | 1.050 | |
| Zughakenleistung Straße (kg) | | 810 | |

Die Hanomag sicherte sich die Fähigkeiten Josef Vollmers für die Realisierung ihres ersten Radschleppers, der auf der DLG des Jahres 1924 in Hamburg vorgestellt wurde und in dem die Fachwelt auf Anhieb die brillante Antwort auf die Herausforderung durch den Fordson erkannte, auf die man gewartet hatte. Die Hanomag visierte eine Produktionsziffer von jährlich zunächst 1.000, später 3.000 Exemplaren an – im Vergleich zum Fordson mutet dieses Ziel aber immer noch höchst bescheiden an, denn der Fordson erreichte Stückzahlen von mittlerweile rund 100.000 pro Jahr (allerdings stand Ford der gesamte Weltmarkt offen).

Vollmer hatte, davon kann man ausgehen, bereits bei der Entwicklung des Motors für die Raupe Z 25 an einen Radschlepper in rahmenloser Blockbauweise gedacht. Dieser konnte sofort, bei nur geringen Änderungen, mit der Antriebseinheit aus Getriebe und Hinterachsantrieb zusammengeflanscht werden. Die Ölwanne des Vierzylinders diente zugleich als Träger der schraubengefederten Vorderachse. Das Aggregat stellte eines der fortschrittlichsten seiner Art dar: es bestand aus den drei Baugruppen Zylinderkopf, -block und Ölwanne, hatte auswechselbare Lagerschalen an Kurbelwelle und Pleueln, hängende Ventile, Druckumlaufschmierung mit Ölpumpe, per Hand vom Fahrer regulierbare Umlaufkühlung mit Kreiselpumpe und eine moderne, zuverlässige Bosch-Magnetzündanlage sowie einen zuverlässigen Regler, der wie Wasserpumpe und Zündapparat von der Nockenwelle angetrieben wurde. Seine Motorleistung betrug zunächst 25 PS bei 1.000 U/min. Der Motor konnte mit verschiedenen Kraftstoffen betrieben werden, je nach dem jeweils verwendeten gab es eine unterschiedliche Bestückung mit Vergaser-Typen der Berliner Marke Graetzin. Die ersten Exemplare unterschieden sich äußerlich von den ab 1925 in größeren Stückzahlen produzierten durch den von der Z 25 übernommenen Elementen-Kühler sowie seitliche Motorabdeckungen, die das bekannte und gut eingeführte WD-Logo zeigten. Die im Ölbad laufende Lamellenkupplung mit vier treibenden und fünf getriebenen Lamellen übertrug die Motorkraft auf das Getriebe mit drei Vorwärtsgängen und einem Rückwärtsgang. Die Kulissenschaltung war auf der linken Fahrzeugseite angeordnet, rechtsseitig am Getriebegehäuse befand sich die Riemenscheibe, eine Getriebezapfwelle (600 U/min) ermöglichte den Einsatz moderner Landmaschinen, zum Beispiel von Zapfwellen-Mähbindern. Der Hinterachsantrieb erfolgte durch gefräste Stirnräder, serienmäßig war eine Differentialsperre vorhanden. Die Zwangs-

**Markanter Kraftstofftank, markantes Markenzeichen**

**WD R 28/32 mit Grabenreiniger und Halbraupen-Laufwerk, beides von Ritscher**

**Fertig zum Versand: WD-Ackerschlepper**

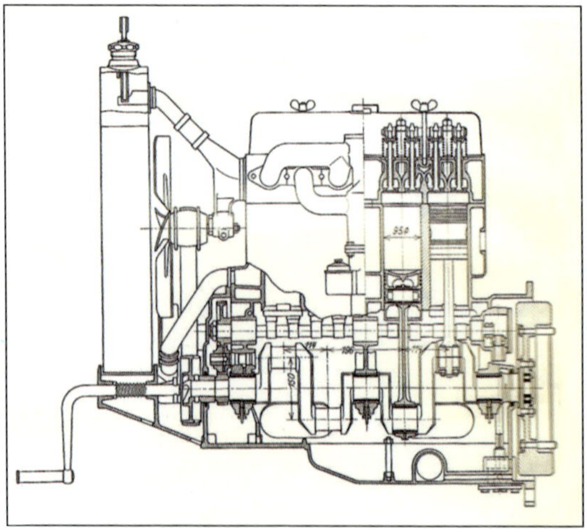

**Längsschnitt durch den Motor**

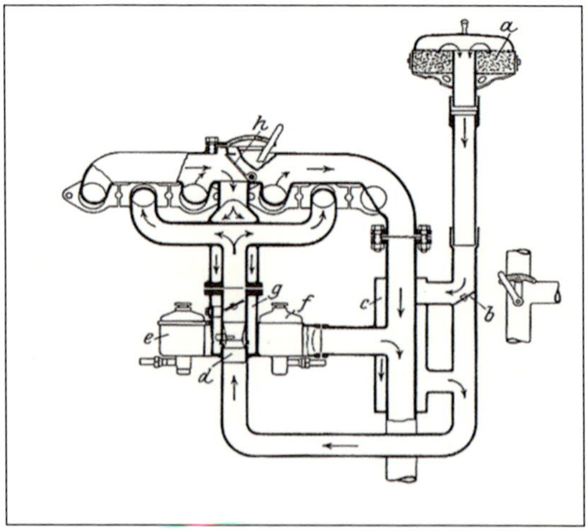


**Die Ansaugwege des WD-Motors**

schmierung des Motors, die aus dem Automobilbau übernommene Zündung und eben dieser Hinterachsantrieb waren die Hauptvorzüge des Hanomag WD gegenüber dem Fordson: dessen Motor besaß keinen Regulator (was zu Lasten des Schlepperfahrers ging: in einer zeitgenössischen Vergleichsprüfung wurde denn auch dessen schnelle Ermüdung festgestellt), er wies eine besondere Ausbildung der primitiven Schleuderschmierung auf, die Zündanlage war kompliziert und unzuverlässig mit dem Wechselstromerzeuger im Schwungrad. Zudem war der Schneckenantrieb der Hinterräder verschleißanfällig, neigte zu starker Erwärmung und hatte hohe Kraftverluste. Darüberhinaus wies der WD eine nahezu perfekte Gewichtsverteilung auf Vorder- und Hinterachse auf, die das beim Fordson so gefürchtete Aufbäumen beim Anziehen schwerer Lasten verhinderte: 63 – 70 Prozent des Schleppergewichtes entfielen auf die Antriebsachse, beim Fordson waren es deutlich unter 60 Prozent. Bei den Leistungsgewichten sah der Wert für den Fordson etwas besser aus mit 62 kg/PS gegenüber knapp 80 kg/PS beim WD. Nur der Korrektheit halber: man verschlief bei Ford die Entwicklung nicht, denn auch der Fordson erhielt im Lauf der Jahre und angesichts seiner Konkurrenten eine strapazierfähige Scheibenkupplung, eine deutsche (also: Bosch-) Zündanlage, einen Regler, einen Zenith-Vergaser sowie weitere Verbesserungen.

Die ersten WD-Radschlepper können im Wesentlichen noch als Versuchsträger angesehen werden. Sie wurden auf ausgesuchten Betrieben im gesamten Reichsgebiet eingesetzt und in enger Abstimmung mit dem Herstellerwerk in der harten Praxis geprüft. Die dabei gewonnenen Erkenntnisse führten schon ein Jahr später zu einem verbesserten Modell, das nun offiziell als Typ WD R 26 bezeichnet wurde. Als der Schlepper im Jahr 1927 mittlerweile gut eingeführt war, gab es wichtige Änderungen am Motor. Vier Kolbenringe statt bisher drei, eine besondere Härtung der dreifach gelagerten Kurbelwelle, durch größere Leistung der Ölpumpe verbesserte Schmierung und größere Kolbenbolzen erlaubten die Anhebung der Motorleistung auf 28 PS beim Betrieb mit Petroleum, 30 PS bei Benzin- und 32 PS bei Benzol-Betrieb, jeweils bei 1.100 U/min. Die offizielle Typbezeichnung lautete nun WD R 28/32.

Eine besondere Maßnahme gegen die gefürchtete Erscheinung der Verdünnung des Schmieröls durch Benzin, das in die Zylinderlaufbahn eindringen konnte, stellte das sog. Tagventil dar. Vor dem Anlassen des Motors sollte täglich durch einen Ablasshahn an der Ölwanne dieses verdünnte Öl abgelassen werden. Der Erfolg dieser Vorrichtung blieb aber fraglich, weil es physikalisch nicht möglich war, das verdünnte vom dickeren Motoröl einwandfrei zu scheiden. Sollte der Schlepper ausschließlich mit Benzin betrieben werden, erhielt er einen einfachen Graetzin-Vergaser. Ein vertikaler Doppelvergaser der gleichen Berliner Marke hingegen ermöglichte den Betrieb mit Benzol, Benzin, Zugolin oder Petroleum, wobei der Motor mit Benzin angelassen und nach einer Weile der Erwärmung auf den schwereren Kraftstoff umgestellt wurde. Die Funktionsweise beschreibt Prof. Georg Kühne in seinem „Handbuch der Landmaschinentechnik" folgendermaßen: „Sehr geschickt sind die Luft-, Gemisch- und Auspuffleitungen gestaltet (Abb. 399 und 400). Die angesaugte Luft durchstreicht zunächst den mit ölbenetzten Raschigringen gefüllten Filter (a) und wird je nach Stellung der Umlenkklappe (b) entweder durch den Vorwärmemantel (c) oder unmittelbar in den Mischraum (d) geführt. An diesem liegt der Graetzin-Doppelvergaser, dessen linke Hälfte (e) bei Benutzung von Benzin und dessen rechte (f) zur Verbrennung von Schweröl eingeschaltet wird. Der Schwerölvergaser und der Mischraum der Ansaugeleitung sind von einem Mantel (g) umschlossen, der durch entsprechende Stellung der Klappe (h) mit den Auspuffgasen der beiden linken Zylinder geheizt werden kann. ... Abb. 401 zeigt Einzelheiten des Doppelvergasers, insbesondere den Umstellkolben (a), der in Stellung für Schweröl-Betrieb gezeichnet ist, die Hauptdüse (b) und die Luftzusatzdüse (c) und die Leerlaufdüse (d) der Leichtölseite. Das Schwimmergehäuse der Leichtölseite ist zwecks Verdeutlichung der Zeichnung hinter den Umstellkolben gelegt, in Wirklichkeit liegt es vor demselben." Diese Anordnung erwies sich als eine der betriebssichersten bei der Verwendung von Petroleum.

Schon bald erkannten die Hanomag selbst wie auch zahlreiche Interessenten aus allen anderen Bereichen der Wirtschaft, dass dieser mittelschwere, aber enorm leistungsstarke Schlepper nicht allein für den Einsatz auf dem Acker geeignet war. Seine herausragenden konstruktiven und qualitativen Eigenschaften prädestinierten ihn auch zum Straßen- oder Industrieschlepper. In dieser Version, die schon ab 1926 zur Verfügung stand, war der WD mit schweren (auf Wunsch hinten doppelten) Gußfelgen, blattgefederter Vorderachse, Vollgummi- beziehungsweise Elastikbereifung, Fuß- und Hand-Festellbremse sowie mit einer Anhängerkupplung in Höhe der Hinterachse, also oberhalb der für das Anhängen von Landmaschinen vorgesehenen Zugvorrichtung ausgerüstet. Eine nahezu unüberschaubare Vielzahl von Zusatzausrüstungen wie Sandstreueinrichtung zur Verbesserung der Traktion, schwenkbares Frontschiebeschild, Vorrichtungen zum Einsatz als Shunter auf Bahnanlagen, Front- oder Heckseilwinde, Druckluft-Bremsanlage, Karbid- oder elektrische Beleuchtung, Fahrerschutzdach sowie, ab 1929, auch Luftbereifung waren nur einige der vielen Möglichkeiten, den WD für die Anforderungen von Speditionen, Bau- oder Brennstoffhändlern, Straßenbauunternehmen, Schaustellern, Forstbetrieben oder auch die Reichspost höchst tauglich zu machen. Die Reichspostdirektion nahm eine größere Stückzahl für den Transport ihrer Erdkabelrollen in ihrem Fuhrpark auf. Die Höchstgeschwindigkeit des Ackerschleppers mit Eisenrädern betrug 8 km/h, die eines vollgummibereiften Straßenschleppers 15 km/h. Dessen Gewicht konnte, mit den Gußfelgen und einigen schweren Zusatzausrüstungen leicht über 3.500 kg gegenüber den 1.950 kg des Ackerschleppers betragen, die Zugleistung im 1. Gang lag bei 20 Tonnen „auf ebener, trockener und fester Straße", wie die Standardformulierung jener Zeit sagte. Ein Fordson konnte natürlich mit nahezu gleichen Maßnahmen ebenfalls zu einem volltauglichen Straßenschlepper für hohe Zugleistung aufgerüstet werden – mit Gußrädern der Dajag war dann auch ihm das Aufbäumen ausgetrieben. Die Reichspost nahm auch solche Fordson F in Dienst.

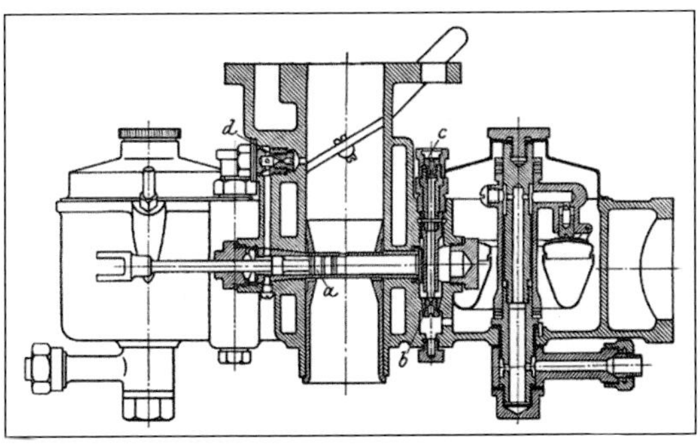

**Querschnitt durch den Graetzin-Doppelvergaser**

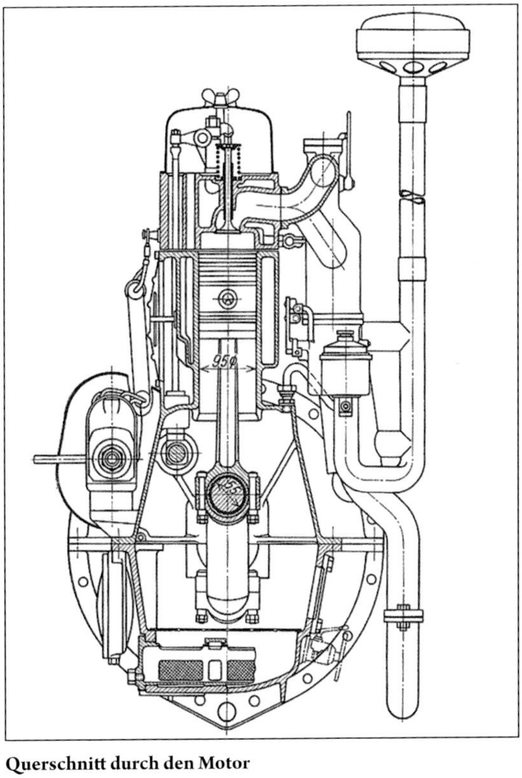

**Querschnitt durch den Motor**

**Links: Dieser Straßenschlepper hat noch die spiralgefederte Vorderachse! Rechts: Gänzlich ungefedert auf Bahngeleisen!**

Aber sehen wir uns doch noch die Leistungsgewichte beider Konkurrenten (Ackerschlepper) an: es betrug je nach Motorleistung (die vom Kraftstoff abhing) rund 52,5 – 62 kg beim Fordson, 62 – 70 kg beim Hanomag WD: dessen höhere Motorleistung glich den Gewichtsnachteil also beinahe aus.

Dies war nun also eine Maschine, auf die mittlere und größere Gutsbesitzer, Fuhrunternehmer, Industriebetriebe und andere lange gewartet hatten. Wohlgemerkt: eine, nicht die Maschine. Im gleichen Jahr, 1927, hatte Lanz den Groß-Bulldog, den HR 2 präsentiert – und damit den denkbar stärksten aller möglichen Konkurrenten. Der HR 2 war vom ersten Tag seines Erscheinens an ein Riesenerfolg. Er hatte dem WD den wirtschaftlichen, unkomplizierten und vollkommen kraftstoffgleichgültigen Glühkopfmotor voraus, und in Bezug auf Qualität stand er hinter keinem anderen Schlepper zurück, vielmehr setzte er Maßstäbe. Darüberhinaus peilte man auch in Mannheim größte Stückzahlen an und konnte diese auch auf dem ersten Fließband in einem deutschen Industriebetrieb realisieren: hier war man der Hanomag zwar knapp, aber doch um einiges voraus. Aus heutiger Sicht nicht nur witzig ist die Werbung aus der damaligen Zeit: Nicht

**Hervorragend restauriert auch dieser WD von 1927** (Besitzer: Günter Werner, Lübben)

nur war es erlaubt, die positiven und negativen Eigenschaften der Schlepper, ihre Vorzüge und Nachteile, unmittelbar zu veröffentlichen – dieser Methode bedienten sich alle Hersteller. Da standen in Firmenschriften und Fachpresse Vergleiche von Fordson, Hanomag, Lanz oder Stock nebeneinander und versuchten, möglichst überzeugend zu wirken. Auch die eindrucksvolle Leistungsfahrt, die die Heinrich Lanz AG im Jahr 1924 mit drei HL-Bulldogs, also dem „Zwölfer" und zwei „Felddank" quer durch Deutschland unternommen hatte, fand ihre Nachfolger: 1926 ging die „Fordson-Karawane" auf die Reise, und ein Jahr darauf folgte die Werbefahrt eines Hanomag WD-Radschleppers mit dem Aufruf „Kauft deutsche Maschinen!" 1930 wurde man schon deutlicher: „Deutscher, wehre Dich! Warum für deutschen Boden einen ausländischenTraktor kaufen, wenn es eine so überlegene Maschine wie den Hanomag-Schlepper gibt?" Dass es da noch immer einen Preisunterschied von immerhin 2.000 bis 3.000 RM gab, der für den Fordson sprach, verschwieg die Werbung wohlweislich.

Als es bereits gut lief mit der Produktion des WD-Radschleppers, brachte die Weltwirtschaftskrise Ende der zwanziger Jahre die gesamte Industrie in große Nöte, so auch die Hanomag. Dies führte dazu, dass im

**Straßenschlepper mit Sandstreu-Vorrichtung und Fahrer-Schutzdach**

Jahr 1931 schließlich die Zahlungsunfähigkeit des Unternehmens bekanntgegeben werden musste. (Ein Jahr darauf gründete man die Hanomag Automobil- und Schlepperbau GmbH mit einer Restbelegschaft von 1.260 Beschäftigten – nur noch einem Fünftel des Jahres 1926. Mit dem Einsetzen der Rüstungsproduktion unter der Herrschaft der Nationalsozialisten ab 1933 stabilisierte sich die Lage der Hanomag dann relativ

**Für den Spediteur: mit Druckluft und Beleuchtung**

Auf der Baustelle: mit einem Steinbrecher

Der bringt etwa 3.500 kg auf die Waage!

schnell). Jedoch schon auf dem Höhepunkt der Krise hatte man in Hannover-Linden ausgesprochen innovativ gehandelt und ab 1928 mit der Entwicklung eines Dieselmotors begonnen: ein Projekt, das angesichts des Erfolgs des Lanz Bulldogs HR 2 und des ebenfalls seit 1927 gut eingeführten Deutz-Dieselschleppers MTZ 120 dringend geboten war. Ein weiterer herausragender Ingenieur, der seit 1924 fest im Dienst der Hanomag stehende Lazar Schargorodsky, konstruierte dieses Aggregat und machte es zu einem der erfolgreichsten seiner Gattung: den legendären Vierzylinder-Vorkammermotor D 52. Mit diesem Motor wurde auf der Grundlage des WD-Radschleppers R 28/32 der erste Hanomag-Dieselschlepper RD 36 gebaut, der seinem direkten Vorgänger ansonsten ziemlich ähnlich war. Aber dies ist eine andere Geschichte, über die im „Jahrbuch Traktoren 2009" bereits detailliert berichtet wurde.

Die wichtigsten technischen Daten der WD-Radschlepper sind im übersichtlichen Vergleich mit seinem Vorbild oder Anreger, dem Fordson F leicht zu entnehmen.

**Vorbild und Erzkonkurrent: Fordson F**

**Fordson mit Getreidemäher („Ableger")**

**Man kann es auch übertreiben, gleich hebt er vorn ab! Zur Beachtung: Holley-Heizplattenvergaser!**

**Schön von rechts …**

**… und auch von links!**

**Als es Acker-Luftreifen gab, wurde dieser Fordson F umgerüstet**
(Besitzer: Christian A. Rady, Berlin)

**Berlin-Wedding: Fordson räumt auf!**

(Foto: Mitte-Museum, Berlin)

**„Industrieschlepper“ mit Torkret-Kompressor**

**Diese Felgen brachten das notwendige Betriebsgewicht!**

**Schön anzusehen sind sie außerdem**

**Ab 1927 die „Meßlatte“: Lanz Bulldog HR 2**

**Auch der Deutz-Dieselschlepper MTZ 120 spielte ab 1927 mit!**

**Üblich bei Straßenschleppern jener Zeit mit Elastik-Bereifung: Sandstreu-Kästen**

**Alles dran: Moorräder, Benzin-Zusatztank für das Anlassen, beim Antrieb einer Pumpe**

**Noch ein schön restauriertes Exemplar**

**Heute einer der schönsten HR 2, mit Wasserwagen**

(Besitzer: Rolf Benkstein, Windehausen)

**Wie eben ausgeliefert: HR 2 Verkehrs-Bulldog der Familie Lindenberger**

(Württemberg)

HANOMAG
WD

# WD-Radſchlepper 28 PS

Fabrikat der HANOMAG-Hannover

## Die vielſeitige Zugmaſchine für alle Verwendungszwecke

## Deutſche Kraftpflug-Geſellſchaft

mit beſchränkter Haftung

BERLIN W 35 / POTSDAMER STR. 31

Fernruf: Nollendorf 3997, 3998, 3999 / Drahtwort: Wedepflug

PRL.51.XII.25.80000.A.U.

Gut Maxfeldhof, Lohhof b. München, 30. 11. 25.

Vorausſchicken möchte ich, daß ich auf meinem Betriebe ſeit 1917 mit Motorſchleppern arbeite. Mein Betrieb iſt 600 Tgwk.*) groß, bayeriſche Hochebene. Bodenart: Lehmiger Sand mit viel Steinen, Humusſchicht ca. 20 cm. Untergrund: Kies.

Der Boden bearbeitet ſich ſchwerer, als man allgemein annimmt, als Geſpannvieh müſſen wir deshalb auch wie in mittlerem Lehmboden mittelſchwere Tiere verwenden. Außer dem WD-Radſchlepper habe ich noch zwei Konkurrenzfabrikate im Betriebe. Als Univerſalmaſchine für mittlere Wirtſchaften möchte ich aber doch **nur den WD-Radſchlepper** anſprechen. Mit Ihrer Maſchine bin ich außerordentlich zufrieden, und beſtätige Ihnen gern, daß der Schlepper voll das leiſtet, was die Fabrik angibt.

Schon die Übergabe der Maſchine durch Ihren Herrn Werkmeiſter war ein Lichtblick. Ihr Herr iſt gekommen, hat den Magnet eingeſetzt, nach ſeinen Angaben wurde dann die Maſchine geſpeiſt und nach einer Stunde war ſie ſchon auf dem Acker bei der Arbeit. Nun kann ich auch beſtätigen, daß nach nunmehr viermonatlicher Tätigkeit die Maſchine **noch nie verſagt** hat.

Ich benutze die Maſchine zum Fahren auf der Straße als Laſtenſchlepper, zum Schälen, Pflügen, Grubbern, Eggen und auch zum Fahren vor der 4 m-Sämaſchine, auch zum Walzen auf meinen Moorwieſen.

Wir fahren durchſchnittlich zweimal am Tage nach München, jede Fahrt ca. 25 km hin und zurück = 50 km. Nutzlaſt mit zwei Spezial-Anhängern à 5 Tonnen = 200 Ztr. An reinen Ausgaben für Betriebsſtoff**) errechnet ſich für 200 Ztr. Nutzlaſt bei 50 km Weg ca. RM. 7.–. **Als Antriebsmaſchine für Dreſchſatz** mit Strohpreſſe (drahtgepreßt) genügte der Motor vollkommen. Der Verbrauch war hier bei 10ſtündiger Arbeitszeit = ca. RM. 15.– reine Betriebsſtoffkoſten**.

**Als Zugmaſchine** mit dem Spezialgrubber bei 2 m Kultivatorbreite nach Kartoffeln leiſtet die Maſchine ca. 25 Tgwk. in 12 Stunden. Sie liefert hier mit ſchnellſtem Gange eine **ideale Grubberarbeit. Beim Tiefpflügen** verwende ich **ſowohl Dreiſchar wie Zweiſchar.**

Als Zugmaſchine vor der 4 m-Sämaſchine hat ſich der WD-Radſchlepper **ſehr bewährt.** Die Steuerung folgt ſo leicht, daß ein ſauberes Spurziehen auch hier ermöglicht wird, **ohne die Sämaſchine eigens zu ſteuern.** Die Leiſtung iſt hier 48 Tgwk. Roggen in 12 Stunden.

Als Zugmaſchine vor der 90 Ztr. ſchweren Wieſenwalze auf meinen **Moorwieſen,** iſt die Leiſtung ebenfalls eine gute und große, ca. 15 Tgwk. bei 10ſtündiger Arbeitszeit.

Aus meinen Aufzeichnungen werden Sie wohl erſehen haben, daß wir ſchlechterdings den Schlepper **zu allen Arbeiten hernehmen, die nur vorkommen,** und es freut mich deshalb, daß ich Ihnen auch **nur günſtiges** berichten kann.

Fritz Lochmann.

Nienfelde b. Seehauſen, Altmark, 22. 8. 25.

Ich habe den Schlepper auf meinem ſchwerſten Miſchboden in jeder Beziehung ausprobiert. Er hat alle Proben zu meiner **vollſten Zufriedenheit beſtanden und das will hier was ſagen.**

Anfänglich habe ich auf dem total harten (betonähnlich) Boden geſchält, der Anhängepflug mußte zeitweiſe mit ca. 2 Ztr. belaſtet werden, um anzufaſſen, trotzdem zog der Schlepper mit dem zweiten Gang durch. Nach dem erſten Regen pflügte er dann großartig.

Nach dieſer Zeit ſetzte dann eine Regenperiode ein. Ich mußte Greifer aufſetzen. Hiermit zog der Schlepper durch, obwohl er **zeitweiſe bis faſt an die Riemenſcheibe** in den Lehm einſackte.

Augenblicklich pflüge ich bei gutem Wetter mit 2 Scharen und Vorſchälern zur Saat, was ſehr gut geht. Der Schlepper leiſtet pro Tag im Minimum 10 Morgen. Brennſtoffverbrauch 50 Liter Petroleum und 5–8 Liter Benzol. Auch zum Dreſchen und Eggen habe ich den Schlepper benutzt, auch hierin leiſtet er vollkommene Arbeit.

Zum Schluß möchte ich der Firma noch meinen beſonderen Dank ausſprechen für das außerordentliche Entgegenkommen, das ich dort gefunden habe.

Arthur Wackenroder.

Gruiten b. Düſſeldorf, den 3. 11. 1925.

. . . . . . voll und ganz zufrieden. . . . . im zweiten Gang zwei Saatfurchen bei **Steigungen von 1 zu 10 und darüber glatt durchgezogen.** . . . . beſte mir bekannte Zugmaſchine für den kleineren und mittleren Landwirt.

K. Niepenberg.

Hungerstorf, den 17. 12. 1925.
Poſt Grevesmühlen i. Meckllbg.

Mit dem von Ihnen gelieferten WD-Radſchlepper arbeite ich jetzt ca. 1 Jahr; ich bin mit der Maſchine ſehr zufrieden, **der Schlepper iſt abſolut betriebsſicher,** leicht zu bedienen, leicht zu ſteuern, **arbeitet billig;** Reparaturen fanden ſich nicht. Der WD-Radſchlepper **leiſtet jede Ackerarbeit,** iſt **vorzüglich als Antriebsmaſchine** zum Dreſchen zu verwenden. Der Radſchlepper leiſtet mit 28 PS mehr, wie ich von ihm erwartete. Die Maſchine ſteht jedem Intereſſenten zur Beſichtigung bereit.

W. von Puttkamer.

Dom. Haltauf (Kr. Ohlau), den 2. 1. 1926.

Nachdem wir ein Jahr lang mit unſerem 28 PS WD-Radſchlepper zu unſerer **größten Zufriedenheit** gearbeitet haben, kaufen wir heute einen **zweiten** Schlepper für Haltauf und gleichzeitig einen **dritten** für Großburg.

Wir können Ihnen nur **abermals beſtätigen,** daß wir mit den Leiſtungen des Radſchleppers **auf jedem Gebiete der Landwirtſchaft außerordentlich zufrieden** ſind und dieſe Maſchine überall empfehlen können.

Die Deutſche Kraftpflug-Geſellſchaft m. b. H. hat in dieſer Maſchine wirklich eine **preiswerte Univerſal-Maſchine** gebracht, die allen Anforderungen gewachſen iſt.

Otto Doehring, Inſpektor.

Viele Zeugniſſe aus allen Gegenden Deutſchlands ſtehen auf Wunſch zur Verfügung.

*) 1 Tagwerk = 1/3 ha. **) Brennſtoff und Öl.

Bild 1

Bild 5

Bild 6

Bild 7

Bild 2

Bild 3

Bild 4

# WD-Radſchlepper / 28 PS

## Betrieb mit Benzol, Petroleum, Zugolin uſw.

vom Reichsernährungsminiſterium **preisgekrönt** wegen ſeiner guten Pflug- und Zugleiſtungen.

**Aus dem Prüfungsbericht:** „Der WD-Radſchlepper iſt die **billigſte** und leichteſte aller Maſchinen . . . Die Arbeitsleiſtung auf dem Acker iſt **einwandfrei.** . . . Das Laſtenziehen gelang mit Hilfe doppelter Gummibereifung auf den ſchweren Straßenrädern ſehr gut." (Geheimrat Fiſcher im Landmaſchinenmarkt Pößneck 1925, No. 92, S. 4.)

Für vielſeitige Verwendung eingerichtet, billig im Betriebe, ſtets dienſtbereit, unermüdlich auch bei größten Dauerleiſtungen, iſt der WD-Radſchlepper geeignet, ſowohl teuere menſchliche und tieriſche Arbeitskraft zu erſetzen, wie in Zeiten der Arbeitshäufung als hochwertige Zuſatzarbeitskraft zu dienen. Er braucht keine Betriebspauſen wie das Zugtier und kann bei Bedarf mit Ablöſungsbedienung unbegrenzt ausgenutzt werden. Dadurch wird der Betrieb intenſiver geſtaltet und gleichzeitig verbilligt.

**Betriebsgewicht:** Als Ackermaſchine ca. 1700 kg (Als Straßenzugmaſchine ca. 3200 kg)
**Geſchwindigkeiten:** 2 km; 4,5 km; 8 km/Stunde Rückwärtsgang: 1,6 km/Stunde
**Riemenſcheibe:** Drehzahl 745, Durchmeſſer: 400 mm bzw. 365 mm
**Pflugleiſtung** bei 25-30 cm Tiefe: auf mittlerem Boden ca. 1 Morgen/Stunde. Schälen auf Durchſchnittsboden mit 10 Scharen
**Ausrüſtung:** paarweiſe gleich große Greiferräder, leichte Laufreifen für kurze Straßenfahrten
**Motor:** bei 1100 Umdrehungen/Min. effektive Leiſtung mit Petroleum, Zugolin 28 PS, mit Benzol 32 PS

**Sonderausrüſtungen:**

Furchenräder größeren Durchmeſſers für Tiefkultur (Bild 7.)
Radverbreiterungen und Greifererhöhungen für Sandboden (Bild 5.)
Radverbreiterungen für Moor (Bild 6.)
Sproſſenräder für Wieſenkultur
Schwere eiſerne Laufreifen zum Ziehen kleiner Laſten.
Vollſcheibenräder mit Gummibereifung für Zugleiſtung bis zu 20 t (Bild 1.)
Obere Zugvorrichtung.
Die Räder ſind leicht auswechſelbar.

Der Viertakt-Vierzylindermotor iſt in einem Block gegoſſen, der abnehmbare Zylinderkopf enthält die hängenden Ventile, die ſich über den Kolben befinden (daher günſtiger Kompreſſionsraum, gute Wärmeverteilung und geringer Brennſtoffverbrauch). Sämtliche Lagerſtellen werden von einer Ölpumpe ſtändig geſchmiert. Der Motor iſt öl- und ſtaubdicht gekapſelt und gegen die Vorderachſe abgefedert; auf Zugänglichkeit von allen Seiten iſt beſonderer Wert gelegt.

Der Vergaſer iſt ein Doppelvergaſer neueſter Konſtruktion (anlaſſen mit Benzol, dann umſtellen auf ſchweren Brennſtoff). Die Vorwärmung des Brennſtoffgemiſches iſt regulierbar.

Die Triebkraft wird über eine Lamellenkupplung und ein ſperrbares Differential auf die Hinterräder übertragen.

Die federnde Mittenzugvorrichtung kann ſich ſeitlich einſtellen bzw. in beliebiger Stellung durch Vorſteckbolzen feſtgehalten werden. Sie ſchont Anhängegerät und Schlepper beim Anfahren und beim Auftreffen auf Steine. Die Anpaſſungsmöglichkeit und Elaſtizität dieſer Zugvorrichtung hat eine gute Lenkbarkeit des Schleppers und einen ruhigen Gang des Pfluges zur Folge.

Bild 8

Bild 9

Bild 10

# Der Hanomag-Traktor

*Eine kleine Zeitschrift, welche die Aufgabe hat, immer Neues und Interessantes zu bringen*

Überreicht durch:

**Dezember** **1929**

## Statt Lastkraftwagen und Pferdegespann – Zugmaschine.

Von Diplom-Kaufmann M. Schöpke, Berlin.

Wenn wir die Entwicklung unseres Nutzfahrzeugwesens in den letzten Jahren betrachten, so werden wir die eigenartige Tatsache feststellen, daß zwar allenthalben ein stetes Zunehmen der Nutzfahrzeuge aller Art als modernstes Land-Transportmittel, das wir kennen, zu beobachten ist, daß aber keine Nutzfahrzeuggattung ein so schnelles Tempo in der Bestandszunahme zu verzeichnen hat, wie die **Zugmaschine.** Es ist in diesem Falle interessant, einen Blick auf die Statistik zu werfen, die uns den Unterschied in der Zunahme des gesamten Nutzfahrzeugbestandes in Deutschland und derjenigen der Zugmaschinen allein deutlich vor Augen führt:

| | Bestand am 1. Juli | | Zunahme gegen das Vorjahr in % | |
|---|---|---|---|---|
| | Nutzfahrzeuge überhaupt ca. | Zugmaschinen ca. | Nutzfahrzeuge | Zugmaschinen |
| 1921 | 30 000 | 250 | | |
| 1922 | 42 000 | 375 | 40 | 50 |
| 1923 | 49 000 | 375 | 17 | 0 |
| 1924 | 60 000 | 1 000 | 22 | 167 |
| 1925 | 80 000 | 6 700 | 33 | 570 |
| 1926 | 90 000 | 10 200 | 13 | 52 |
| 1927 | 103 000 | 13 650 | 14 | 34 |
| 1928 | 122 000 | 19 000 | 18 | 39 |
| 1929 | 136 000 | 25 000 | 11 | 32 |

Diese **auffallend schnelle Ausbreitung der Zugmaschine** als fortschrittliche Entwicklung unseres modernen Verkehrswesens hat – wie alle derartigen Vorgänge in der Wirtschaft – ihren ganz einfachen Grund darin zu suchen, daß mit dieser Nutzfahrzeugart dem Unternehmer ein

Abb. 1. Der Hanomag als wirtschaftliches Transportmittel in der Möbelspedition

Transportmittel in die Hand gegeben wurde, das an Rentabilität die bisher verwandten Fahrzeuge oft um ein Vielfaches übertraf. Dies beweist auch die Tatsache, daß sich die Zunahme in den letzten Jahren noch immer in hohem Maße gehalten hat. Dies wäre sicher nicht der Fall gewesen, wenn die anfangs starke Vermehrung des Traktorenbestandes nur auf die versuchsweise Einstellung dieses neuen Transportmittels zurückzuführen wäre, die nach kurzer Zeit stark nachlassen mußte, wenn sich die daran geknüpften Hoffnungen nicht erfüllt hätten.

Bevor die **Zugmaschine als Straßen-Transportmittel** bei uns in Erscheinung trat, war unsere Verkehrswirtschaft im schweren Nah-Transport ausschließlich auf den **Lastkraftwagen bezw. Lastzug** und auf das **Pferdegespann** angewiesen. Die **hohe Fahrgeschwindigkeit** des Lastkraftwagens, seine große **Leistungsfähigkeit** auf jeder Fahrt und sein fast **unbeschränkter Aktionsradius** hatten auch ihm in Konkurrenz mit dem Pferdegespann zu einer schnellen Einführung verholfen, sobald er über die ersten Anfänge der Entwicklung hinaus war. Es zeigte sich aber, daß er, wenn nur kurze Fahrstrecken und längere Aufenthalte in Frage kamen, doch an Billigkeit mit dem Gespann nicht Schritt halten konnte, weil hierdurch bei absolut höheren Kosten die ihm eigenen Vorteile für eine Leistungssteigerung nicht ausgenutzt werden konnten. So konnte sich das Gespann im Nahverkehr nach wie vor behaupten, trotzdem es an Geschwindigkeit und Tragfähigkeit seinem neuen Konkurrenten stark unterlegen war. Nicht zuletzt sprach ein Vorteil mit, den der Lastkraftwagen nicht aufzuweisen hatte: Es bestand beim Gespann die Möglichkeit, die Zugkraft, also die Pferde, vor verschiedene Wagen zu spannen, sei es, daß im Pendelverkehr ein voller gegen einen leeren Wagen eingetauscht wurde oder umgekehrt, sei es, daß man eine Zugkraft für verschiedene Wagentypen, für verschiedene Transportzweige verwenden konnte. Diese Trennung der Zugkraft von der bewegten Last war beim Lastkraftwagen nicht möglich!

Und so war es nicht wunderzunehmen, daß ein Beförderungsmittel rascheste Verbreitung finden mußte, das eigentlich alle den beiden eben beschriebenen Transportarten fehlenden Vorteile in sich vereinigte! Dieses „Ei des Kolumbus" war die **Straßenzugmaschine.** Sie übertrifft an Zugleistung nicht nur das schwere Pferdegespann beträchtlich und steht in dieser Beziehung dem Lastkraftwagen kaum nach, sondern sie hat diesem noch den Vorteil der Trennung der Motorkraft von der gezogenen Last voraus. Wenn sie auch die Schnelligkeit des Lastzuges bei längeren Fahrstrecken nicht erreicht, so fällt dieses Moment im Nahverkehr jedoch nicht so ausschlaggebend ins Gewicht, wie dies oben schon erwähnt wurde. Trotzdem übertrifft sie in dieser Beziehung das Gespann so beträchtlich, so daß sich auch hieraus eine wesentliche Leistungssteigerung gegenüber dem Pferdebetrieb ergibt. Schließlich liegen die absoluten Kosten je Fahrt-Kilometer bei der normalen Zugmaschine wesentlich niedriger als beim Lastkraftwagen oder Lastzug und nicht viel höher als beim schweren Pferdegespann. Aus allen diesen Momenten ergibt sich eine absolute – vor allem wirtschaftliche – Überlegenheit der Zugmaschine im schweren Nahverkehr, die ihr zu der erwähnten außerordentlich



schnellen Ausbreitung verholfen hat. Die Vorteile des Trekkers gegenüber dem Lastkraftwagen und dem Gespann seien nochmals übersichtlich aufgezählt:

**Gegenüber dem Lastkraftwagen:**

1. **Absolut niedrigere Anschaffungs-, Betriebs- und Unterhaltungskosten.**
2. **Trennung der Zugkraft von der Nutzlast.**
3. **Hierdurch höhere Leistungsfähigheit im Nahverkehr.**

**Gegenüber dem Pferdegespann:**

1. **Größere Transportleistung auf jeder Fahrt.**
2. **Höhere Fahrgeschwindigkeit.**
3. **Weiterer Aktionsradius.**
4. **Größere Gesamtleistungsfähigkeit.**

Hieraus ergibt sich bereits, daß die Zugmaschine mit Vorteil überall da einzusetzen ist, wo es sich um Transporte größerer Mengen auf nahe Entfernungen (im Gegensatz zum Überlandverkehr) handelt, wobei die Überlegenheit dieses Beförderungsmittels ganz besonders klar zutagetritt, wenn die Möglichkeit besteht, mit **Wechselanhängern** zu arbeiten.

Ein praktisches **Beispiel** mag dies erhärten. Es soll sich darum handeln, vom Hafen regelmäßig täglich eine bestimmte Menge zum Lager zu schaffen, das in einer Entfernung von 4 km liegen soll. Als reine Fahrzeit für eine Hin- und Rückfahrt kann man für das Gespann 80 Minuten, für den Kraftschlepper 40 Minuten und für den Lastzug 30 Minuten einsetzen. Wenn wir weiter annehmen, daß Gespann und Kraftschlepper an beiden Endpunkten des Pendelverkehrs mit Wechselanhängern arbeiten, werden sich für jede volle Fahrt 2 Aufenthalte von je durchschnittlich 5 Minuten für Rangierzwecke ergeben. Der Lastkraftwagen dagegen kann nur mit seinem Anhänger wechselweise arbeiten, der Zugwagen selbst muß an jedem Endpunkt solange stehen, bis er be- bezw. entladen ist. Er wird also auf jeder Fahrt 2 Aufenthalte von je 20 Minuten haben. Als **Gesamtzeitverbrauch** für eine volle Hin- und Rückfahrt ergibt sich somit:

| | | |
|---|---|---|
| Für den Lastzug | 70 | Minuten |
| „ „ Kraftschlepper | 50 | „ |
| „ das Gespann | 90 | „ |

Arbeitstäglich können daher **Fahrten** ausgeführt werden:

| | |
|---|---|
| Vom Lastzug | 7 |
| „ Kraftschlepper | 10 |
| „ Pferdegespann | 5 |

Die täglich **beförderte Menge** (Tragfähigkeit mal Anzahl der Fahrten) stellt sich damit wie folgt:

| | | |
|---|---|---|
| Beim Lastzug | 70 | to |
| „ Kraftschlepper | 100 | „ |
| „ Gespann | 20 | „ |

Ein wahrheitsgetreues Bild über die verschiedene **Wirtschaftlichkeit** dieser 3 Transportmittel kann aber erst dann geschaffen sein, wenn mit diesen Leistungen die hierfür entstandenen Kosten in Verbindung gebracht werden. Als Durchschnittssätze der Praxis kann man unter den gegebenen Verhältnissen annehmen, daß an **täglichen Kosten** (auch einschließlich aller festen Aufwendungen) etwa entstehen für

| | | |
|---|---|---|
| den Lastzug | 63.– | RM |
| „ Kraftschlepper | 75.– | „ |
| das Gespann | 24.– | „ |



Die beförderte Tonne erfährt somit eine **Belastung** beim

| | | |
|---|---|---|
| Lastzug von | 0.90 | RM |
| Kraftschlepper | 0.75 | „ |
| Pferdegespann | 1.20 | „ |

Trotzdem also der Kraftschlepper in diesem Falle die höchsten Kosten pro Arbeitstag verursacht (infolge seiner größeren Fahrleistung), stellt er jedoch das bei weitem billigste Transportmittel dar.

Es wird zweckmäßig sein, sich stets an Hand der im Einzelfall vorliegenden Verhältnisse eine Vergleichskalkulation aufzustellen, aus der man dann in den meisten Fällen einwandfrei erkennen wird, daß die Zugmaschine heute für den Nahtransport ein Beförderungsmittel darstellt, das an Billigkeit von keinem anderen erreicht oder übertroffen werden kann.

## Zugmaschinen im Speditionsgewerbe.

Es ist bedauerlich, daß wir in Deutschland keine genaue Statistik über die Verwendung der Nutzfahrzeuge haben. Sie würde manche interessante Aufschlüsse geben über die Bedeutung und die Ausbreitung der einzelnen Nutzfahrzeugarten in den verschiedenen Branchen und Wirtschaftsgruppen. Sie würde u. a. auch zeigen, daß heute die **Zugmaschine,** wie in anderen Unternehmungen, so auch im **Speditionsgewerbe** immer mehr Eingang findet. Es soll kurz versucht werden, ihre Bedeutung speziell für die Transportaufgaben dieser Betriebe einmal klarzulegen.

Es ist eine typische Eigenheit der Transportaufgaben im Speditionsunternehmen als einem Betrieb, der die Beförderung von Gütern als Selbstzweck betreibt, daß diese eine außerordentliche **Verschiedenartigkeit** aufweisen. Diese bezieht sich nicht nur auf die räumliche Ausdehnung der Fahrten und auf die Schwere der Transporte, sie bezieht sich vor allem auch auf ihrer Natur nach gänzlich von einander abweichende Transportarten, in erster Linie bedingt durch die Beschaffenheit der zu befördernden Güter. Oder mit anderen Worten: Es sind einmal Überlandtransporte auszuführen, die sich sogar auf mehrere Tage erstrecken können;

Abb. 2. Auch der Stückgutverkehr kann wirtschaftlich durch die Zugmaschine erledigt werden

Abb. 3. Der Hanomag eignet sich auch ganz vorzüglich zum Transport von schüttbarem Massengut, in diesem Falle Steine, die er zur Erreichung größter Leistungen im Wechselanhängerbetrieb befördern kann

zum anderen handelt es sich wieder um Beförderungen auf wenige km im Stadtverkehr. Auf der einen Seite sind es Massengüter, die zu verfrachten sind und einen 10 Tonnen-Lastzug oder noch größere Einheiten füllen, andererseits Teiltransporte von wenigen Zentnern Stückgut, für die sich nur ein leichtes, schnelles Fahrzeug eignet. Und damit zusammenhängend: Es handelt sich einmal um schüttbares Massengut, das womöglich im Pendelverkehr zwischen 2 gleichbleibenden Endpunkten zu befördern ist, ein anderes Mal um leichtes Stückgut, das in einzelnen Posten ausgeliefert werden muß. Dazwischen liegen wieder geschlossene Stückgutsendungen, Möbelfuhren und eine ganze Reihe von Spezialtransporten, die einzeln aufzuzählen zu weit führen würde.

Es muß nun das Bestreben des Spediteurs sein, zur Verbilligung seines Fuhrbetriebes in erster Linie darauf zu achten, daß er nicht für jede dieser verschiedenen Transportaufgaben ein besonderes Beförderungsmittel braucht, das sich speziell hierfür eignet. Wenn er auch damit absolut jeweils sehr gute Leistungen erzielen würde, so würde er sich doch auf diese Weise mit einem Fuhrpark belasten, den er nur sehr schlecht ausnutzen könnte, der also in der Leistungseinheit viel zu teuer würde. Er muß vielmehr sehen, sich solcher Transportmittel zu bedienen, die sich für möglichst viele Beförderungsweisen, Güterarten, Entfernungen usw. gleich gut eignen, deren Arbeitsleistung er also möglichst restlos ausnutzen kann. Nun ist dies bei allen den Fahrzeugen nur schwer möglich, deren Zugkraft starr mit dem Behälter für die aufzunehmenden Güter verbunden ist. Denn es werden nicht nur für verschiedene Güter ganz verschiedene Aufbauten verlangt (Kastenwagen, Pritschenwagen, Kipper, Möbelwagenaufbau usw.), es handelt sich auch oft um Transporte, bei denen die Zugkraft, ist sie an die Nutzlast gebunden, sehr lange beim Be- und Entladen warten muß. Besteht die Möglichkeit, in diesem Falle mit Wechselanhängern zu arbeiten, so kann trotzdem die Motorkraft fast restlos zur Arbeitsleistung ausgenutzt werden.

Es ist daher nicht wunderzunehmen, daß die **Zugmaschine** im Speditionsgewerbe sich immer größerer Beliebtheit erfreut, weil sie speziell dafür geeignet ist, diesen Sonderanforderungen der hier vorliegenden Transportaufgaben gerecht zu werden. Sie besitzt in erster Linie den großen Vorteil der **Trennung der Zugkraft von der Nutzlast.** Sie ermöglicht es, wie schon angedeutet, Anhänger für die verschiedenartigsten Verwendungszwecke mit **einer** Maschine zu ziehen, je nachdem, um welche Transporte es sich im Augenblick handelt. Es ist also nur nötig, ein entsprechend geringeres Kapital in einzelnen Anhängertypen zu investieren, während die teuere Zugkraft für alle Transportaufgaben verwandt werden kann. Wir sehen in einigen Abbildungen, wie sich die Zugmaschine den Bedürfnissen des Spediteurs in jeder Beziehung anpaßt und sich für fast alle Beförderungsarten eignet, die hier überhaupt in Frage kommen.



Wie ebenfalls schon erwähnt, liegt ein weiterer Vorteil der Trennung der Zugkraft von der Nutzlast beim Kraftschlepper darin, daß man unter den gegebenen Verhältnissen im sogenannten **„Wechselanhängerbetrieb“** arbeiten kann. Dies ist dann der Fall, wenn es sich um den Abtransport größerer Gütermengen handelt, wobei die beiden Endpunkte des Pendelverkehrs festliegen. Das dabei zur Anwendung gelangende System der Wechselanhänger ermöglicht es wiederum, eine restlose Ausnutzung der Motorkraft zu gewährleisten; denn während beispielsweise der Lastkraftwagen in diesem Falle in der Zeit des Be- und Entladens ungenützt stehen muß, kann der Kraftschlepper jeweils inzwischen be- oder entladene Anhänger übernehmen und so fast ununterbrochen in Bewegung sein. Dies trägt ganz außerordentlich zur Leistungssteigerung und Hebung der Wirtschaftlichkeitsgestaltung bei.

Auch hinsichtlich der **Fahrgeschwindigkeit** entspricht der Schlepper gerade den Anforderungen, die der Spediteur im Nahverkehr an ein Schwertransportmittel stellen muß. Es ist Tatsache, daß die fast doppelt so große Höchstgeschwindigkeit des Lastkraftwagens im Großstadtverkehr nur schwer ausgenutzt werden kann und sich in der Endgeschwindigkeit nur unwesentlich bemerkbar macht. Da sich diese höhere Fahrgeschwindigkeit des Lastkraftwagens aber nur durch einen stärkeren Motor und damit teuereren Betrieb erkaufen läßt, so liegt der wirtschaftliche Vorteil ebenfalls wieder auf Seiten des Kraftschleppers. Im anderen Falle genügt heute die außerordentlich geringe Schrittgeschwindigkeit des schweren Pferdegespannes den Anforderungen des Spediteurs nicht mehr, dessen Aktionsbereich sich mit dem Ausbreiten der Städte ebenfalls beträchtlich erweitert hat. Wenn auch der Kraftschlepper kein Überlandtransportmittel darstellt (er würde bei den dann in Frage kommenden Fahrstrecken mit dem Lastkraftwagen nicht mehr konkurrieren können), so ist doch seine Fahrgeschwindigkeit für den Stadt- und Vorortverkehr in jeder Beziehung ausreichend.

Wir sehen, daß es kaum eine andere Branche gibt, für die sich der Kraftschlepper-Betrieb so ausgesprochen eignet, wie gerade für das Speditionsgewerbe. Was für andere Transportmittel ein Hinderungsgrund für eine rentable Ausnutzung ist, nämlich die Vielgestaltigkeit der vorkommenden Transportaufgaben, so kann gerade die Zugmaschine deren Hauptvorteile ausnutzen. Hieraus ergibt sich eine wirtschaftliche Überlegenheit gegenüber anderen Beförderungsmitteln, an der der Speditionsunternehmer nicht achtlos vorübergehen kann.

Abb. 4. Selbst ungewöhnliche Lasten zieht der Hanomag in jedem Gelände und beweist dadurch seine vielseitige Verwendbarkeit



## Die technischen Vervollkommnungen des Hanomag-Schleppers.

Die Erfahrung hat gelehrt, daß die Massenherstellung von Traktoren mit einem Erstarren der technischen Form verbunden ist. Während also die technische Forschung beständig fortschreitet, muß ein in die Fabrikation gelangter Maschinentyp langsam veralten, bis schließlich zur völligen Neukonstruktion geschritten werden muß, was immer mit viel Zeit- und Kapitalverlust verbunden ist.

Die Hanomag hat es verstanden, ihre konstruktiven Richtlinien so festzulegen, daß ein Erstarren ihres über die ganze Welt verbreiteten Schleppertyps niemals eintreten konnte. Vielmehr war es fortlaufend möglich, nicht nur die neu hergestellten Schlepper von Zeit zu Zeit mit den jüngsten Ergebnissen eifriger Forschungs- und Versuchsarbeit auszurüsten, sondern auch für die bereits in der Praxis laufenden Schlepper diese Teile zu einem geringen Betrag zur Verfügung zu stellen. Hanomag-Schlepper veralten also nicht.

Auch in diesem Jahre konnte der Hanomag-Schlepper ganz beträchtlich vervollkommnet werden. Betriebswert und Lebensdauer der Maschine sind infolgedessen wiederum gestiegen.

Bemerkenswert ist, daß trotz dieser bedeutenden Vervollkommnungen eine Preiserhöhung nicht vorgenommen zu werden brauchte. Dies ist der unbestreitbare Erfolg einer von Jahr zu Jahr wachsenden immer besser immer rationeller arbeitenden Produktionsmaschinerie, deren mustergültige Einrichtungen nicht nur in Deutschland sondern auch im Auslande bestens bekannt sind.

Es ist sehr interessant, aus nachstehenden Angaben zu sehen, wie beträchtlich die Vervollkommnung des Hanomag-Schleppers wiederum fortgeschritten ist:

Die sehr stark bemessene Kurbelwelle wurde durch ein patentiertes Härteverfahren auf eine Festigkeit gebracht, welche um 50 % höher als im allgemeinen üblich ist.

Abb. 5. Hanomag-Radschlepper als Straßenzugmaschine
Lieferbar mit Elastic-Reifen, Pneu-Massiv-Reifen oder mit Riesen-Luftreifen



Die Zylinder werden nach einem neuen Verfahren unter ständiger Ölzufuhr geschliffen, so daß spiegelglatte, reibungsfreie Wände geschaffen werden, auf welchen sich Abnutzungserscheinungen weit später als bei sonst üblichen Schleifverfahren bemerkbar machen.

Bei den Kolben wurden mit besonderer Sorgfalt die durch Versuche und langjährige Erfahrungen gewonnenen Erkenntnisse zur Ausführung gebracht. Sie sind nicht nur länger geworden, sondern haben auch einen wesentlich vergrößerten Kolbenbolzen erhalten, so daß die Flächenbelastungen und damit Abnutzungserscheinungen erheblich verringert werden konnten. Die Kolbenbolzensicherung und Lage der Kolbenringe erfuhr vorteilhafte Veränderungen.

Die Kompressionsräume werden bearbeitet, wodurch die Verbrennungsvorgänge in den Zylindern einwandfrei beherrscht werden. Die Schwinghebel erfuhren in Bezug auf Materialbehandlung und vereinfachte Wartung wertvolle Veränderungen.

Dem schon vorhandenen Luftfilter wurde ein zweites Fliehkraftluftfilter vorgeschaltet, so daß eine noch vollkommenere Luftreinigung erzielt wird.

Das bei den angestrengt arbeitenden Schleppermotoren so überaus wichtige Schmiersystem wurde beim Hanomag-Schlepper nach langer vielseitiger Versuchsarbeit in geradezu idealer Weise vervollkommnet. Die wegen ihrer Einfachheit bekannte Pumpe konnte auf eine fünffach gesteigerte Druckwirkung gebracht werden. Ein Spezialventil zur Verbesserung der Schmierölbeschaffenheit sowie eine automatische, beständig arbeitende Kurbelgehäuse-Entlüftung sind weitere Vorteile des Hanomag-Schmiersystems.

Abb. 6. Hanomag-Radschlepper mit Seilwinde

Die Triebrad-Schutzbleche erhielten eine gewölbte sehr geschmackvolle äußerst feste Form.

Die für Wartung erforderliche Zeit konnte durch Einführung einer Hochdruck-Preßschmierung wesentlich verkürzt werden.

Ist so der Betriebswert der Maschine wesentlich erhöht worden, so wurde auch die Leistungsfähigkeit noch gesteigert.

Durch Einführung der Riesenluftreifen kann die Durchschnittsgeschwindigkeit des Schleppers auch bei schlechten Straßen, ohne Ermüdung des Fahrers gesteigert werden.

Während seit Jahren allgemeine Preissteigerungen auf dem Rohstoff- und Arbeitsmarkt zu verzeichnen sind, andere Traktoren im Preise stiegen, ist der Hanomag-Schlepper nicht nur der billigste seiner Klasse, hat nicht nur seinen Preis gehalten, sondern ist auch noch ganz erheblich vervollkommnet worden.

Diese Tatsachen sprechen mehr als übertriebene Propagandamaßnahmen zu dem deutschen Fuhrherrn und Wirtschaftsführer, der vor die Frage der Anschaffung einer wirklich leistungsfähigen erstklassigen Zugmaschine gestellt ist. **Deutsche Arbeit - Wertarbeit!**

Der Hanomag-Traktor 9

## Die Transportfrage in Forst- und Sägewerksbetrieben.

Wir leben in einer Zeit größter wirtschaftlicher Schwierigkeiten. Wenn auch für die einzelnen Wirtschaftsgruppen diese Schwierigkeiten verschiedener Art sind, für die produzierenden Betriebe sind sie doch in mancher Hinsicht mehr oder weniger die gleichen. So hat beispielsweise ähnlich wie in der Landwirtschaft die Rentabilität insonderheit auch in den Forst- und Säge werksbetrieben erheblich unter den hohen Unkosten, der ausländischen Konkurrenz usw. zu leiden. Die verschiedenen Bemühungen vonseiten der Forst- und Sägewerksbesitzer, der holzverarbeitenden Industrie usw. haben zu einer Besserung der Lage in wirksamer Weise nicht beitragen können. Wie in fast allen solchen Fällen wirtschaftlicher Schwierigkeiten dürfte deshalb auch hier die Selbsthilfe das wirksamste Mittel gegen diese Wirtschaftskrise sein. Insbesondere dürfte es sich fast überall darum handeln, die Betriebsunkosten zu verringern, um die Preise und die Verdienstspanne günstiger gestalten zu können. Die verschiedenen diesbezüglichen Bestrebungen zeigen, daß allein schon eine geschickte Lösung der Transportfrage in wirksamer Weise zur Hebung der Gesamtrentabilität eines Forst- oder Sägewerksbetriebes beitragen kann, denn einen nicht unerheblichen Teil der Aufbereitungskosten für Rundholz, für die verschiedenen Arten von Schnittware usw. stellt der Arbeits- bezw. Kostenaufwand für den Transport des ungeschnittenen Materials vom Schlagort zur Säge usw. dar.

Abb. 7. Hanomag-Radschlepper mit Anbauraupe

Darüber, daß eine Senkung der Transportkosten in den meisten Fällen nur durch eine **geeignete** Motorisierung erreicht werden kann, besteht in Fachkreisen längst kein Zweifel mehr. Daß aber andererseits ungeeignete Motorisierungsmaßnahmen nicht nur keinen Nutzen bringen, sondern unter Umständen recht kostspielig und verlustbringend sein können, hat die Praxis leider zu oft gesagt. So versuchten bereits vor Jahren eine Reihe von Betrieben, durch Verwendung von Lastkraftwagen die Transportfrage zu lösen. Obwohl der Lastkraftwagen ohne Zweifel für den Transport auf befestigter Straße sich vorzüglich bewährt, hat er doch in Forst- und Sägewerksbetrieben, deren Transportarbeiten nicht nur auf befestigter Straße, sondern auch auf Waldwegen, in den Schlägen usw. durchzuführen sind, die in ihn gesetzten Hoffnungen nicht überall erfüllen können. Solche Betriebe verlangen vielmehr Zugmittel, die sich den jeweiligen Wege- und Geländeverhältnissen anpassen können.

**Diesen Forderungen entspricht in den meisten Fällen der Schlepper** und zwar wegen seiner Betriebssicherheit, einfachen Bedienungsmöglichkeit usw. insbesondere der Schlepper mit Vergasermotor. Eine solche Maschine läßt sich gleich gut auf der Straße und im Walde verwenden, so daß sie tatsächlich die Möglichkeit gibt, den Transport des Holzes vom Schlagort bis zur Säge usw. motorisch

Abb. 8. Zwei geschleppte Stämme mit und ohne Rückeschlitten (Forstmeister Tschaen-Zossen)

10 Der Hanomag-Traktor

Abb. 9. Hanomag-Radschlepper zieht die Stämme aus dem Schlag

durchzuführen. Die Verwendungsmöglichkeit eines Schleppers im Forst- oder Sägewerksbetrieb erstreckt sich aber durchaus nicht nur auf die eigentlichen Transportarbeiten. Es werden vielmehr in einigen Gegenden die Maschinen auch schon zum Fällen der Bäume herangezogen, wodurch sich die Wirtschaftlichkeit des Schlepperbetriebes natürlich wirksam erhöhen läßt. Die Zugmaschinen werden zu dieser Arbeit am zweckmäßigsten mit einer Seilwinde ausgerüstet, wie z. B. auch für den bekannten Hanomag-Schlepper hergestellt wird. Auf sandigen Böden werden mit solcher Seilwinde die Bäume vielfach mit Wurzelstock, nachdem dieser freigelegt worden ist, gefällt. – Die universelle Verwendbarkeit des Schleppers zeigt sich aber erst dann besonders, wenn es sich darum handelt, das Stammholz aus dem Schlag an die Straße zu rücken. Dies läßt sich in der Weise durchführen, daß die Stücke mittels Kette direkt an den Schlepper gehängt oder von dem feststehenden Schlepper mit Hilfe der Seilwinde abgeschleppt werden. Bei genügend hoher Motor- und Zughakenleistung des Schleppers – Maschinen von etwa 30 PS haben sich als besonders geeignet erwiesen

Abb. 10. Beim Abschleppen mehrerer Stämme in einem Zug

Der Hanomag-Traktor 11

Abb. 11. Hanomag-Radschlepper beim Langholztransport auf schmaler Waldstraße

– ist es natürlich möglich, in **einem** Arbeitsgang mehrere Stämme zu ziehen. Es bedarf keiner besonderen Ausführungen, um zu beweisen, daß schon allein durch die hohen Leistungen, die sich hierbei erreichen lassen, die sonst sehr kostspielige Arbeit des Abschleppens ganz erheblich verbilligt werden kann. Dabei darf nicht unberücksichtigt bleiben, daß der Windenbetrieb selbst auf weniger tragfähigen Böden, die Gespannen Schwierigkeiten bereiten, noch ein schnelles Abschleppen der Stämme möglich macht. In Verbindung hiermit sei der Rückeschlitten des Forstmeisters Tschaen-Zossen erwähnt. Diese Vorrichtung erleichtert das Abschleppen der Stämme ganz ungemein, da bei ihrer Verwendung Bodenunebenheiten sich leicht überwinden lassen und vor dem geschleppten Stamm keine Erde zusammengezogen wird. Die Leistungsfähigkeit eines Schleppers kann durch diesen Rückeschlitten nicht unerheblich gesteigert werden. Bestehen auf wenig tragfähigen Böden bei direktem Schleppbetrieb ohne Seilwinde Schwierigkeiten bei der Fortbewegung der Maschine, läßt sich die Anbau-Raupe vorteilhaft verwenden. Insbesondere da, wo noch eine zweite für Straßenfahrt eingerichtete Zugmaschine verfügbar ist, wird man bei ungünstigen Bodenverhältnissen die Gleitketten-Fahrvorrichtung wählen, um gegebenenfalls die Abschleppleistungen erhöhen und so den Straßenschlepper besser ausnutzen zu können. Es sei auch der kombinierte Betrieb erwähnt, bei dem durch Gespanne die Stämme an den Weg bezw. an den Wagen gerückt werden, da auf ihn bei Durchforstungen usw. nicht verzichtet werden kann. Es kommt aber, wie auch in der Landwirtschaft, auch hier darauf an, daß das Zusammenarbeiten von Schlepper und Gespann in einer für den einzelnen Betrieb bestgeeigneten Weise organisiert wird. So wäre es z. B. in den meisten

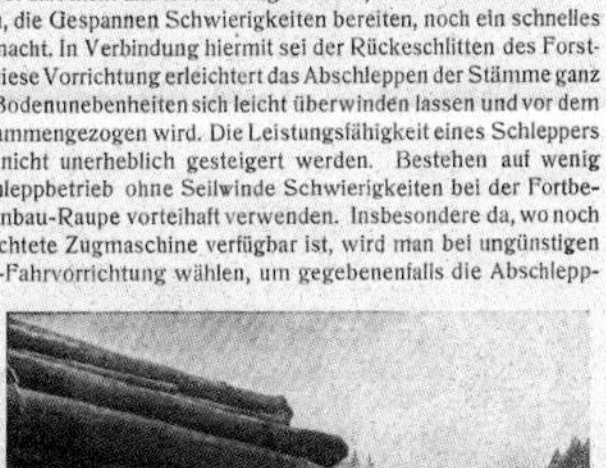

Abb. 12. Hanomag-Radschlepper. Zugkraft bis 650 Zentner

12 Der Hanomag-Traktor

Abb. 13. Hanomag-Radschlepper mit Riesenluftreifen

Fällen unwirtschaftlich, für Langholztransporte über längere Strecken sich des Gespannzuges zu bedienen. Solche Transporte lassen sich meistens nur motorisch **wirtschaftlich** durchführen. Die Schnelligkeit des motorischen Zuges gestattet es, in der Zeiteinheit mehr zu leisten als dies bei Gespannbetrieb möglich ist. Überdies kann in einem Arbeitsgang mengenmäßig mehr befördert werden, so daß sich die Gesamtkosten für eine Fahrt auf eine größere Festmeterzahl verteilen, d. h. der einzelne Festmeter billiger transportiert wird. Daß die Betriebskosten für den Schlepper selbst sich in wirtschaftlichen Grenzen halten müssen, ist eine Selbstverständlichkeit. Wie oben schon erwähnt, kann die Verwendung einer ungeeigneten Zugmaschine in dieser Hinsicht recht unangenehme Folgen zeitigen. Es sei an dieser Stelle besonders darauf hingewiesen, daß im Interesse der Wirtschaftlichkeit von einem neuzeitlichen Schlepper unbedingt verlangt werden muß, daß sein Motor auch schwerere Treibstoffe verarbeitet (Doppelvergaser usw.). Ferner sollten für Schnelltransporte sich geeignete Bereifungen (Ballon-Reifen!) anbringen lassen; auch muß eine wirksame Federung vorhanden sein. Um den Schlepper intensiv ausnutzen zu können, ist ferner eine zuverlässige Beleuchtungsanlage unerläßlich. Auf die weiteren konstruktiven Forderungen, die an einen für Forst-, Sägewerks- und ähnliche Betriebe geeigneten Schlepper gestellt werden müssen, hier einzugehen, würde den Rahmen des Aufsatzes überschreiten.

Obwohl der Schlepperbetrieb bei intensiver Ausnutzung der Maschine und geschickter Organisation sich durchaus wirtschaftlich gestalten läßt, sei der Vollständigkeit halber hier auch kurz der stationäre Betrieb erwähnt, bei dem der Schlepper als Kraftquelle für Sägen, Pumpen usw. verwendet wird. Zu diesen Arbeiten wird in einer ganzen Reihe von Betrieben der Schlepper hauptsächlich zu einer Zeit herangezogen, wenn Holztransporte nicht auszuführen sind. Ebenso wird in einigen Sägereien der Traktor zum Antrieb von Lohndreschmaschinen eingesetzt.

gro-.

---

## Schlepper im Straßenbau.

Der moderne Verkehr hat auf dem Gebiete des Straßentransportes gründliche Wandlung geschaffen. Im scharfen Wettbewerb mit der Eisenbahn belebt heute das motorisch betriebene Fahrzeug – vom Motorrad bis zum Personenenwagen – vom leichten Lieferwagen bis zum schwersten Lastzug, unsere Landstraßen. Diesen Beanspruchungen sind unsere alten Landstraßen nicht mehr gewachsen. Der ständig sich steigernde Verkehr zwingt zu durchgreifenden Maßnahmen, nämlich stärkeren Straßenbau nach modernen Gesichtspunkten.

Mit Rücksicht auf die hohen Kosten, welche der Neubau oder Umbau einer Straße mit sich bringt, ist natürlich schärfste Rationalisierung der Bauarbeiten von grundlegender Bedeutung. Jedes mit der Ausführung von Straßenbauten beauftragte Unternehmen wird also danach trachten, nur die wirtschaftlichsten und leistungsfähigsten Betriebsmittel in Dienst zu stellen. Es liegt in der Eigenart des Straßenbaues, daß bei ihm viele Transporte durchzuführen sind, zumal das Baumaterial nicht überall greifbar ist. Der Transportfrage ist also von vornherein größte Aufmerksamkeit zu widmen.

Wie auf so vielen Gebieten des modernen Wirtschaftslebens, so ist auch hier der Motorschlepper als ganz besonders geeignet zu betrachten. Er vereinigt in sich so viele charakteri-

Der Hanomag-Traktor 13

Abb. 14. Der wendige Hanomag-Schlepper fährt an die Bruchstelle

stische Vorzüge, daß weder Pferd noch Lastkraftwagen in gleicher Weise vielseitige und zweckmäßige Verwendung wie dieses geradezu universale Transportmittel finden können. Es ist deshalb nicht verwunderlich, daß eine Zugmaschine moderner Bauart auf dem Gebiete des Straßenbaues schon heute außerordentlich vielseitige Verwendung findet. Mancherlei Gründe sprechen für die Einstellung einer solchen. Die zur Anschaffung nötige Kapitalmenge ist wesentlich geringer als die, welche beispielsweise für einen Lastkraftwagen angelegt werden müßte. Motorleistung und Geschwindigkeit sind so aufeinanderabgestimmt, daß eine genügend

Abb. 15. Beim Abtransport der Teertonnen

14 Der Hanomag-Traktor

Abb. 16. Hanomag-Radschlepper beim Antrieb einer Stein-Zerkleinerungs-Maschine

hohe Geschwindigkeit entwickelt werden kann, während andererseits bei den vielen nicht sehr schweren Arbeiten die vorhandene mittlere Motorstärke ausgenutzt werden kann, also die Betriebskosten sich in mäßigen Grenzen halten. Die Möglichkeit, Schwerbrennstoffe zu verarbeiten, führt außerdem wiederum zur Senkung der Brennstoffkosten. Betrachtet man zunächst nur die Transportleistung, so ergibt sich, daß Baustoffe, wie Steine, Teer und Asphalt durch den Schlepper schnell und wirtschaftlich herangeführt werden können. Die große Wendigkeit des Schleppers in Steinbrüchen, auf Fabrikhöfen und raumbeschränkten Bauplätzen, darf dabei als wichtiger Punkt nicht übersehen werden.

Es ist ferner zu bedenken, daß der Schlepper als Zugmaschine nicht an einen Laderaum gebunden ist, infolgedessen beliebige Anhängegeräte fortbewegen und ohne auf deren Entladung zu warten, sofort mit Wechselladungen zurückfahren kann. Der Vorteil des Pendelverkehrs gestaltet also die Verwendung einer Zugmaschine außerordentlich wirtschaftlich.

Abb. 17. Hanomag-Radschlepper als Straßenzugmaschine
Lieferbar mit Elastic-Reifen, Pneu-Massiv-Reifen oder mit Riesen-Luftreifen

Der Hanomag-Traktor 15

Der Transport von Asphaltkochern, früher eine recht schwere Arbeit für den Pferdetransport, kann heute durch einen Schlepper spielend erledigt werden, da der Motor neben der reinen Transportarbeit ohne weiteres das Rührwerk des Kochers während der Fahrt in Bewegung hält.

Es wird ferner noch zu wenig beachtet, daß die Transportarbeit allein das Arbeitsvermögen des Schleppers nicht ausfüllt. Die zahlreichen Verwendungsmöglichkeiten als ortsfeste Kraftquelle, wiederum Vorteile, die weder Pferd noch Lastkraftwagen zur Geltung bringen können, gestatten eine weitgehende Verwendungsmöglichkeit des Schleppers im Straßenbau. Die Reihen der Steineklopfer, welche früher mit ihren charakteristischen Windschirmen die ausbesserungsbedürftigen Straßen säumten, verschwinden. Diese Arbeitskräfte werden besser ausgenutzt, wenn sie mit einem fahrbaren Steinbrecher langsam die Straße entlang wandern und mit hoher Kubikmeterleistung durch motorische Kraft Baumaterial für die Straßendecke herstellen. Erhält die Straße ein Betonfundament, so kann der Schlepper die Betonmischtrommeln drehen, desgleichen auch im ortsfesten Betriebe das Rührwerk des Asphaltkochers. Schließlich sei noch der Antrieb eines entweder angebauten oder angehängten Luftkompressors genannt, welcher die im modernen Straßenbau mehr und mehr zur Anwendung gelangenden Preßluftgeräte mit der erforderlichen Druckluft versieht.

Zusammenfassend kann man wohl mit gutem Recht feststellen, daß die Bemühungen, dem modernen Verkehr entsprechende Straßen zu schaffen, wesentlich durch die Verwendung von Zugmaschinen gefördert werden.

Sie haben schon heute an dieser für die gesamte Volkswirtschaft so außerordentlich wichtigen Arbeit einen erheblichen Anteil.

## Hanomag-Schlepper beim Bau einer Ferngasleitung.

Der Bau der Ferngasleitung, welche Hannover mit dem Ruhrgebiet verbindet, ist zweifellos eines der interessantesten Projekte, welche in letzter Zeit zur Ausführung gelangten. In ihm zeigt sich in klarer Form der harte Wille zu höchster Wirtschaftlichkeit, der weder Widerstände noch Grenzen, noch Entfernungen kennt.

Es braucht nicht betont zu werden, daß dieses, eine riesige Bausumme verzehrende Unternehmen nur in straffster Form und allein nach den Gesichtspunkten höchsten Wirkungsgrades geleitet werden kann.

Abb. 18. Hanomag-Radschlepper transportiert die Rohre zur Baustelle

16 Der Hanomag-Traktor

Abb. 19. Als Zugmaschine für Kabeltransporte

Ein starker Bagger hebt, ohne Hindernisse zu kennen, täglich 800—1000 m Graben aus. Die isolierten Stahlrohre werden auf mehrere hundert Meter Länge zusammengeschweißt und dieser viele Tonnen wiegende Rohrstrang in die Erde versenkt.

Die bei solchen sich über weite Strecken hinziehenden Bauten wichtige Transportfrage wurde durch Anwendung von Hanomag-Schleppern gelöst. Die bis zu 26 m langen Rohre werden auf Eisenbahnwagen zu der jeweils nächstgelegenen Station gefahren. Flinke Hanomag-Schlepper mit ihren erheblich langen Pritschenwagen schaffen sie in flotter Fahrt zur Baustrecke. Es ist ein Vergnügen zu sehen, wie die schweren Lasten leicht und mühelos an ihren Bestimmungsort befördert werden. Längs der Straße werden die Rohre abgeworfen und schon geht es wieder zum Bahnhof zurück, wo immer neue Ladungen auf den Abtransport warten.

Auch auf der Baustelle selbst eilen die Schlepper mit beweglichen Einachswagen hin und her, um Sauerstofflaschen und Baumaterial auf der Strecke zu verteilen. Die leichte Drehbarkeit der Anhänger und die Wendigkeit des Schleppers gestatten, trotz der überall beschränkten Raumverhältnisse ein leichtes Wenden. Sind die Rohre und das Fernsprechkabel verlegt, so wird der Leitungskanal sofort zugeworfen, wobei ein Hanomag-Kettenschlepper mittels vorgebauter Schaufelplatte die Erdmasse in den Graben schiebt. Ein kleiner Elefant mit vielen Trampelfüßen, die Stampfmaschine, stampft die Erde wieder fest. Dann folgt eine Motorwalze. Bald werden die Spuren verwischt sein und der ahnungslose Wanderer weiß nichts davon, daß unter seinen Füßen tausende von Kubikmetern Leuchtgas mit D-Zuggeschwindigkeit über viele hundert Kilometer der großen Stadt entgegeneilen.

Abb. 20. Hanomag-Kettenschlepper beim Zuwerfen

**Die DLG (Deutsche Landwirtschaftliche Gesellschaft) unterzog den Hanomag-Radschlepper einer 638 stündigen Dauerprüfung, welche die Maschine in keiner Weise schonte. Die Untersuchung des Schleppers nach dieser Prüfung ergab einen einwandfreien Befund aller lebenswichtigen Teile. Für diese große Leistung und als Anerkennung für Bau und Bewährung erhielt die Hanomag die Silberne Preismünze 1929.**

— Nachdruck mit Quellenangabe gern gestattet —

Verantwortlich für den Inhalt: Walter Dette. — Druck: Hanomag-Druckerei. Beide in Hannover-Linden.

# Vom Einachstraktor zu den Allrad-Knick-Schleppern mit Kabine

von Dr. Heinrich Ostarhild

Der Firmen-Gründer Christian Friedrich Holder hatte Ende der zwanziger Jahre seinen ältesten Sohn Max für ein Jahr nach Nordamerika geschickt. Von dort kehrte der Junior mit der Idee für einen Mehrzweck-Einachstraktor zurück, also für eine Maschine, die nicht nur Pflügen, Eggen und Fräsen, sondern auch Mähen konnte und mit einer Riemenscheibe Stationärgeräte wie Kreissägen oder Wasserpumpen antreiben würde. So lernte Max Holder zunächst mit dem selbst gebauten Einachstraktor richtig pflügen. Diese ersten Einachsschlepper hatten Benzinmotoren. Das war vielen Kunden auf die Dauer zu teuer. Da Holder keinen Dieselmotor fand, der mit den unentbehrlichen Nebenorganen zwischen die Räder eines Einachstraktors passte, entwickelte er mit seinem Mitarbeiter Ingenieur Schaal einen eigenen 500 ccm Kleindiesel, der 1951 erstmalig ausgestellt werden konnte. Dieser erwies sich bald als großer Wurf, denn er ließ ihn nicht nur in die Einachs-Schlepper, sondern auch in die ab 1953 entstehenden Vierrad-Kleinschlepper einbauen. Die eigenen praktischen Erfahrungen im Konstruktionsbüro, in der Fabrik und auf dem Acker waren eine recht gute Basis für die späteren Jahre, in denen Max Holder sein Unternehmen erheblich ausbauen konnte.

## Ab 1953 wurde Holder ein „richtiger" Traktor-Hersteller

In den ersten Nachkriegsjahren war Deutschland in vier Besatzungszonen unterteilt. Metzingen lag in der französischen Zone, die Masse der Kunden und Lieferanten jedoch in der amerikanisch-britischen „Bi-Zone". Um einen Stützpunkt in der amerikanischen Zone zu bekommen, gründete Holder in Grunbach bei Stuttgart einen Zweigbetrieb. Der hatte sich bis zur Währungsreform von 1948 so gut entwickelt, dass es

**Der junge Max Holder demonstrierte etwa 1930 mit Stahlgreiferrädern, wie tief er mit seiner etwa 8 PS-Maschine pflügen konnte**

**Ab 1957 wurde der 12 PS Knicklenker A 12 – hier in breit gestellter Spur – ein international gefragter Weinbautraktor**

nahe lag, ihn weiterzuführen. Aus alten Vorkriegs-Vertretern waren inzwischen Generalvertretungen geworden, die natürlich im regen Gedankenaustausch mit Herrn Holder standen. So hält sich hartnäckig die Legende, dass Martin Jene aus Wachenheim an der Weinstraße, Vertreter für die Pfalz, den allerersten Holder-Allrad geschaffen habe. Martin Jene soll zwei 10 PS-Einachser provisorisch zusammengekuppelt haben, so dass ein Allrad-Knicklenker mit unglaublich starker Zugkraft entstand. Tatsächlich erregte dann der Allrad-Traktor A 10 mit 10 PS-Holder-Motor auf dem Weinbaukongress von 1954 großes Aufsehen, denn es war der erste Vierradschlepper, der in den damals schmalen Zeiten überhaupt fahren konnte.

Dazu muss gesagt werden, dass bis dahin im Weinbau die Handarbeit oder der Pferdezug normal waren; Einachstraktoren und fahrbare Sprühgeräte waren erst wenige Jahre zuvor eingeführt worden. Wurde der wassergekühlte 10 PS Zweitakt-Diesel des A 10 mit 500 ccm Hubraum noch in Metzingen gebaut, vergab Holder eine Lizenz für Einzylinder-Dieselmotoren an die Firma Fichtel & Sachs in Schweinfurt. Das führte zwei Jahre später zum luftgekühlten D 600-Motor (600 ccm), der in den Allrad-Folgetyp A 12 mit 12 PS eingebaut wurde. Diese zwei PS Mehrleistung reichten dann aus, um ein erstes kleines Sprühgebläse, den Turbulator TU 3, anzutreiben. Der A 12 mit Pflug, Fräse und Sprühgerät entwickelte sich bald zum internationalen Erfolgsmodell im Weinbau, im Hopfenbau (mit Spritzgerät) und auch in Übersee, unter anderem im Kaffeeanbau.

Im Zuge der laufenden starken Entwicklung der Landtechnik war die Zeit der Einzylinder-Motoren bald vorbei. So wurde Ende der fünfziger Jahre der damals marktführende A 12 durch den Schmalspurschlepper A 21 S mit luftgekühltem MWM 20 PS Viertaktmotor abgelöst, gleichzeitig ging der gleichstarke A 20 mit Normalspur in Serie. Diese Modelle waren am Markt recht erfolgreich, vor allem die Schmalspur-Version, während sich der Normalspur-A 20 gegen den rasch stärker werdenden Wettbewerb durch Standardschlepper kaum durchsetzen konnte. Die als technisches „Bonbon" gedachte Voith-Strömungskupplung, die das Anfahren unter Last erleichterte, den Motor schonen sowie ein Abwürgen des Motors bei Bergauf-Fahrt vermeiden sollte, wurde zwar gelobt, aber infolge des Mehrpreises nicht wirklich gewürdigt. Für Obstbau-Sprühgeräte mit ihrem hohen

**Der A 21 S mit 20 PS MWM-Motor in einer Citrus-Plantage. Bei hartem Boden wurde die Zugkraft durch Radgewichte erhöht**

**Seine ersten Dreizylinder-Motoren baute Holder ab 1966 als Zweitakter. Der 30 PS starke AG 3 – hier beim Mulchen – war an der langen Haube erkennbar**

**Mitte der siebziger Jahre stellte Holder auf die VD-Viertakter um. Jetzt interessierte sich auch der Forst für die Knicklenker**

**Mit jetzt 60 PS war der A 560-Weinberg-Schlepper auf Wunsch auch mit Kabine und Klimaanlage erhältlich**

**Zur Geländegängigkeit der Allrad-Knicklenker gehört auch eine deutliche Verwindung zwischen Vorder- und Hinterachse**

Leistungsanspruch für die Gebläse war der A 20 nicht stark genug, allenfalls zum Spritzen ohne Gebläse war er verwendbar. Immerhin begann sich nun auch der Forst für Allrad-Knicklenker zu interessieren, weshalb eine Seilwinde und eine Rückezange in das Sortiment aufgenommen wurden.

## Von 1966 an waren Dreizylinder-Motoren fällig

Angesichts der steigenden Nachfrage in den einzelnen Leistungsklassen war bald klar, dass auch Holder mittel- und längerfristig mehrere Modelle anbieten musste. Zugleich entschied sich Max Holder, wieder in einen eigenen Motorenbau einzusteigen. Die neue Modellreihe ließ er mit den Zweitakt-Modellen AM 2 (20 PS) Zweizylinder sowie AG 3 (30 PS) Dreizylinder beginnen. Für diese beiden Motoren wurde in der Dreherei eine Sondermaschine installiert, die die Bearbeitung von Zylinderbohrungen und Kurbelwellenbohrung in einer Aufspannung ermöglichte: Ein großer Schritt für den Mittelständler Holder, der noch ein paar Jahre zuvor nur Einzylindermotoren gebaut hatte. Um die angrenzenden Marktbereiche abzudecken, folgten innerhalb weniger Jahre die Einzylinder-Kleinschlepper A 15 und die stärkeren Forstschlepper AG 35 (30 PS), nunmehr professionell ausgerüstet mit Front-Schutzgitter, Motorschutzwanne und Doppeltrommelwinde von Schlang und Reichardt in Marktoberdorf. Von Fall zu Fall kamen noch ein Räumschild, ein Frontlader oder ein Heckstapler von Golchert in Euskirchen dazu.

Bei allen Erfolgen der genannten Typen konnte es nicht ausbleiben, dass bei steigendem Umweltbewusstsein der blaue Dunst aus dem Zweitakter-Auspuff und auch der laufende Frischölverbrauch nicht mehr akzeptiert wurden, was vor allem für die Dreizylinder-Motoren galt. Als nach sechs Jahren Zweitakter-Motorenbau eine Folgegeneration fällig wurde, konnten das nur Viertakter sein. Da zeigte sich einmal mehr, dass der 1971 verstorbene Max Holder nicht nur ein guter Unternehmer, sondern auch ein weitsichtiger Konstrukteur gewesen war: Die Sondermaschine für die Dreizylinder-Motoren war so konzipiert, dass auch Zwei- und Dreizylinder-Viertakter bearbeitet werden konnten. Zweifellos hatte auch der Schlepper- und Motorenkonstruktionsleiter Hermann Wurster mit seinen

Mitarbeitern an den Reißbrettern und in der Versuchswerkstatt erheblichen Anteil daran, dass die von ihm erarbeiteten Motoren von 1972 bis 1989 in der Metziger Dreherei gefertigt werden konnten. Die Traktortypen A 30 (28 PS) und A 45 (42 PS) wurden sechs Jahre lang gebaut, sie gingen dann ab 1978 mit „aufgebohrten" Motoren als A 40 (33 PS)-Zweizylinder und A 50 (50 PS)-Dreizylinder in die Produktion, das heißt, die intern als VD (Viertakt-Diesel) bezeichneten Holder-Motoren wurden 17 Jahre lang gebaut. Die Normalspur-Varianten A 55 und A 55 F (Forst) hatten mit ihren höheren Leistungen besseren Chancen und bekamen auch eine erweiterte Reihe von Anbaugeräten. Übrigens fiel in diese Jahre auch der größte Exporterfolg der Metzinger Maschinenfabrik: Von 1981 bis 1984 wurden 900 Stück A 40 in den Iran geliefert.

Natürlich wurden die Traktoren laufend modernisiert , mussten auch an diverse strengere Vorschriften angepasst werden. So waren etwa kupplungunabhängige Hydraulikpumpen einzubauen, im Straßenverkehr gab es nur noch einheitliche, kombinierte Rück-, Brems- und Blinkleuchten, auch für Anfänger. Und für die Fahrer waren schwingungsgedämpfte Komfort-Sitze fällig. Einige Forderungen waren dankenswerterweise auch durch die Berufsgenossenschaften gesetzlich durchgesetzt worden: Zu viele Landwirte hatten durch umstürzende Fahrzeuge Gesundheit oder Leben eingebüßt. In segensreicher Konsequenz gilt noch der Spruch: „Jeder Unfall ist ein Unfall zu viel".

## Die Allradschlepper werden Geräteträger

Die Geräteträger im ursprünglichen Sinn mit Front-, Zwischenachs- und Heckanbau hatten in den fünfziger Jahren große Hoffnungen geweckt, konnten sich aber längerfristig nicht durchsetzen. Das hatte auch damit zu tun, dass in der Praxis schnell immer stärkere Traktoren gefordert wurden, die auch einen zusätzlichen Frontantrieb mit größeren und kräftigeren Rädern haben sollten. Da war dann der Weg zum Front-Dreipunkt-Anbau (+ Frontlader-Anbau!) nicht mehr weit, was für einschlägige Front-Heck-Geräte-Kombinationen benutzt wurde. Derartige Kombinationen wurden ab Ende der achtziger Jahre natürlich auch im Weinbau verwendet, wo die Schmalspur-Holder-Knickschlepper ab 1990 die 60-PS-Klasse erreicht hatten. Dazu sei bemerkt, dass manche der hier gezeigten Anbauten wie Front-Fräse und Heck-Sprühgerät oft nicht gleichzeitig eingeschaltet wurden. Denn mit Schlegelmäher oder Hackfräse vorn wurde langsamer gefahren als beim Sprühen mit dem Heck-Sprühgerät. Aber für manchen Betrieb ist es schon vorteilhaft, wenn die beiden Arbeitsgänge innerhalb einer Fahrt nacheinander ausgeführt werden können.

**Bei dem A 760 (60 PS) von 1994 mit umweltschonendem Querstrom-Sprühgerät ist die Klimaanlage im Kabinendach eingebaut**

**Beim A 550 S fällt die reichhaltige Ausstattung mit fünf Hydraulik-Steckanschlüssen vorn auf**

Eine sehr anspruchsvolle Arbeitsfolge lässt sich mit dem Front-Stockräumer von Clemens in Wittlich mit Heck-Hackfräse ausführen. Der vollhydraulische Stockräumer ist natürlich nach Breite und Höhe einstellbar und beseitigt das Unkraut bis dicht um den Rebstock herum, wobei die großen Fronträder keinerlei Probleme mit einer solchen Frontlast haben. In Rebanlagen mit Bodenbegrünung ist ein Front-Schlegelmäher mit Heckanbau-Sprühgerät eine gern gewählte Kombination. Die modernen Schmalspurschlepper können nach Kundenwunsch mit bodenschonenden Breitreifen und mit Fahrerkabine ausgestattet werden. Die sogenannten Querstrom-Sprühgeräte sind nicht ganz billig, haben aber den Vorteil, dass sie ohne technisch bedingte Abtrift nach oben arbeiten. Das ist wichtig, vor allem in der Nähe von Ortschaften. Der Vollständigkeit halber sei bemerkt, dass auch die Weinbau-Biobetriebe, die ohne organisch-synthetische Spritzmittel arbeiten, nicht ohne Schwefel oder Kupfer auskommen.

Seit etwa Ende der achtziger Jahre haben einige Winzer in eigener Initiative begonnen, den Spritzmittelverbrauch durch sogenannte „Recycling"-Geräte drastisch zu senken. Professionell bietet die Firma Lipco in Sasbach solche Geräte an, bei denen die durch die Laubwand hindurch dringenden Sprühstrahlen gegen eine seitlich mitgeführte Prallwand geblasen werden. Die von der Wand herabfließenden Tropfen werden unten in einer Rinne gesammelt und mit Injektoren in den Spritzflüssigkeitsbehälter zurückgeführt.

Natürlich ist es kein Zufall, dass hier eine Reihe von Allrad-Traktoren mit Pflanzenschutzgeräten abgebildet werden. Denn Bodenbearbeitung und Pflanzenschutz sind die beiden Hauptfaktoren, um die Weinberge gesund und ertragreich wachsen zu lassen. Dabei wird auch einiges aus der Traktoren-Gesamt-Entwicklung deutlich: So etwa die Kabine mit Dachluke als Notausstieg nach oben. Das ist eine Forderung von skandinavischen Berufsgenossenschaft: Damit kann sich der Fahrer nach oben retten, wenn der Schlepper im Winterdienst bei hohem Schnee in zugefrorene Gewässer einbricht. Der in einem Foto sichtbare Umsturzbügel ist umklappbar, damit man im Obstbau oder in den Südtiroler Pergola-Anlagen unter den Zweigen beziehungsweise Laubengängen hindurchfahren kann. Bei den Kabinenschleppern sind nicht nur die Dächer, sondern auch die Front- und Heckscheiben ausstellbar, so dass der Fahrer an heißen Sommertagen genug Frischluft bekommt.

Heute kann man von einem Stand der Technik und des Komforts bei den Schmalspurtraktoren sprechen, der dem der Großschlepper in nichts nachsteht.

Ein sehr wendiges Gespann aus A 760 mit aufgeklapptem Kabinendach und Anhänge-Sprüher. Das Kabel der elektrischen Fernbedienung ist durch die Heckscheibe durchgeführt

Der A 5.58 von 2004 ist ein „Flachhauber" mit betont guter Sicht auf Frontgeräte

# Die Allrad-Frontsitz-Knicklenker

## Ideale Kommunal-Geräteträger

**von Dr. Heinrich Ostarhild**

Der Ordnung halber sei auch am Anfang dieses Beitrages erwähnt, was die Leser des Traktor-Jahrbuches 2008 bereits wissen. Die Inhalte und vor allem die Fotos stammen aus dem Archiv der schon im Jahre 1888 gegründeten Maschinenfabrik Holder in Metzingen. Diese beschäftigte sich einige Jahrzehnte allein mit dem Bau von Pflanzenschutzgeräten. Waren die seit 1930 dort gefertigten Einachstraktoren sowie die seit 1954 hinzugekommenen Allradschlepper direkt für die Landwirtschaft – insbesondere für den Weinbau – bestimmt, so verschob sich im Laufe der folgenden Jahrzehnte die Struktur der Bedarfsträger. Die Landwirtschaft brauchte rasch immer mehr und immer stärkere Schlepper, da konnte und wollte der kleine Mittelständler Holder bald nicht mehr mithalten. Er fand Marktnischen, in die seine – freilich auch immer stärker werdenden – Allrad-Knicklenker gut hineinpassten. Die ersten Bilder zeigen noch ein paar Allradschlepper in traditioneller Bauweise mit Motor vorn und Fahrersitz hinten, um den Werdegang des Kabinenbaus bei Holder sowie die Frontlader-Entwicklung zu verdeutlichen.

### Die Vorteile der Gleichlenker sprechen sich herum

Jeder Kraftfahrer lernt schon in der Fahrschule, was eine Achsschenkellenkung ist und wie wichtig es ist, beim Heranfahren an Hindernisse oder Einfahrten, auch beim Einparken vorwärts oder rückwärts, weit genug auszuholen. Denn sobald die Vorderräder eingeschlagen werden, fahren sie eine weitere Spur als die Hinterräder – etwa am leichtesten zu sehen, wenn es mal einen Zentimeter geschneit hat. Während man

**Anfang der achtziger Jahre war es so weit: Mit dem A 60 (50 PS) vollzog Holder den Schritt zum Kabinenschlepper. Hier der Grundrahmen, der zur Teilkabine oder zur Vollkabine ausgebaut werden kann**

Bei einer Kommunaltechnik-Vorführung in Lumberhorsi in Südengland im Jahre 1992 war Holder mit seiner kompletten Pflegetechnik vertreten

Der C 65-Alladschlepper mit Rasenreifen wurde hier auf Kundenwunsch mit einem vollhydraulischen siebenteiligen Ransomes-Spindelmäher ausgerüstet. Zwei Spindeln laufen fachgerecht vor den Rädern

Bei hohem Gras ist der 60 PS - C 9600 mit dem siebenteiligen Front-Sichelmäher ganz gut ausgelastet. Die Hilfsladefläche ist bei dieser Maschine hydraulisch kippbar

beim Lenken „normaler" Kraftfahrzeuge also die Vorderräder einschlägt, schlägt man im Gegensatz dazu bei Mähdreschern die Hinterräder ein. Diese Lenkungsart bietet sich an, weil die Mähdrescher sehr große Vorderräder haben müssen, die die Hauptlast der Maschine zu tragen haben. Nun könnte man die Allradtraktoren, um die es in diesem Bericht geht, auch Mittellenker nennen, weil sie tatsächlich ihr Hauptgelenk in der Mitte des Fahrzeuges haben. Eingebürgert aber hat sich allgemein der Begriff Knicklenker für diese sehr wendigen Schlepper. Ein Blick auf die Baumaschinenbranche zeigt, dass dort viele kleinere und größere Radlader, Muldenkipper und Erdtransporter mit Knicklenkung verwendet werden. Ursprünglich kam diese Knicklenkung daher, dass man bis in die fünfziger Jahre hinein in den schmalen Weinbau-Reihen mit Pferden arbeitete, die tatsächlich auf der Stelle wenden konnten. Als die ersten 10 und 12 PS-Traktoren von Holder auftauchten, wollte man möglichst eng wenden – da war die Knicklenkung die beste Lösung. Bei der engen Wendung am Reihenende zeigte sich auch die s ogenannte Steilaushebung der Geräte wie Pflug und Kultivator (Risser) sehr vorteilhaft, denn sie half, den Wendekreis besonders klein zu halten. Dies alles gilt unabhängig davon, ob die Lenkungen vom Fahrer mit Muskelkraft betätigt werden oder mit Hilfe der Fahrzeug-Hydraulik. Bei Personenwagen spricht man bei hydraulisch unterstützter Lenkung von „Servo"-Lenkung, bei Schleppern eher einfach von hydraulischer Lenkung. Bei den größeren und neueren Holder Frontsitz-Knicklenkern betätigen zwei kräftige Hydraulikzylinder die Lenkung, so dass es auch beim Betrieb mit schweren Anbaugeräten oder Frontlader keine Probleme gibt. Der Verfasser erinnert sich eines Falles, zu dem er als „Trouble-Shouter" zu einem Weinbaubetrieb in Unterfranken geschickt wurde. Da hob ein A 12 (12 PS) bei vollem Lenkeinschlag und mit vollgefüllten Behälter des Anbausprühgerätes das kurvenäußere Vorderrad vom Boden ab. Das war zwar nicht schlimm, wurde aber beanstandet. Vorsichtshalber hatte ich ein Paar überschwere Radgewichte mitgenommen. Nachdem diese angebaut waren, war die Reklamation bereinigt.

## Der Radlastausgleich „drückt" die Räder auf den Boden

Einige Jahre später entwickelte der frisch eingestellte Ingenieur Fritz Braun den sogenannten „Radlastausgleich": Dieser besteht aus einem doppelten

**Die Vielseitigkeit der 60 PS-Knicklenker vom Typ C 860 wird hier bei der holländischen Vertretung Motrac mit einem Frontlader und einem hinten angebauten Buschholz-Hacker demonstriert**

Federpaket, das die jeweils kurvenäußeren Vorderräder so zu Boden drückt, dass sie ständig Bodenkontakt haben. Heute ist Braun übrigens schon lange Chefkonstrukteur. Forscht man in der Technik-Geschichte, so stößt man auf eine „Pavesi"-Zugmaschine mit Knicklenkung, die die italienische Armee im ersten Weltkrieg ab 1916 einsetzte, um ihren Nachschub auf schmalen Bergstraßen mit engen Kehren zu transportieren.

**Im Herbst 1987 hat der Bauhofleiter der Gemeinde Kaprun im Salzburger Land voller Stolz seinen Sohn vor dem neuen 59-PS-Frontsitzer vom Typ C 500 fotografiert**

**Der 70 PS - C 9700 H ist als selbstaufnehmende Kehrsaugmaschine gut geeignet. Die vorderen Tellerbesen sind einzeln steuerbar, die nachlaufende Saug-Kehrwalze nimmt den Schmutz zwischen den Rädern auf**

Nun zu den praktischen Vorteilen der Knicklenkung, die man auch Gleichspurlenkung nennen könnte. Überall im Gelände, wo es schwierig wird, – zum Beispiel auch im hohen Schnee mit Schneeketten – ist es gut, wenn die Hinterräder in der gleichen Spur laufen wie die Vorderräder, üblicherweise mit gleicher Reifenbreite und Radgröße. Außerdem sollten die Achslasten vorn und hinten ziemlich gleich sein: So etwa Fahrer und Kabine vorn, der Motor hinten. Das geht freilich nicht ohne Kompromisse, denn bei einer Reihe von Sammel- oder Verteilungs-Arbeiten ist es ja der große Vorzug der Frontsitzer, einen Behälter auf der Hilfsladefläche aufbauen zu können. Vorteilhaft bei der Gleichspurlenkung ist, dass der Erdboden nur einmal von den Vorderrädern niedergepresst wird und die Hinterräder in exakt gleicher Spur folgen. Das spart Leistung auch auf schlammigem Boden und besonders beim Winterdienst im Schnee. Viele Bauhof-Leiter und ihre Fahrer loben die Knicklenker, weil sie beim Kehren wie beim Räumen und Streuen der Fußwege so direkt und zügig um die Hausecken fahren. In einigen besonders schwierigen Fällen haben die ausliefernden Händler mit Genehmigung des Werkes auch Doppelräder für hohe Radlasten durch schwere Geräte angebaut.

## Front-Anbaugeräte arbeiten vor den Fahrzeugrädern

Der erste Frontsitz-Schlepper war bekanntlich der Unimog, der ursprünglichmal von Böhringer in Göppingen gebaut, aber bald von Daimler-Benz ins Werk Gaggenau übernommen wurde. Seit ein paar Jahren wird der Unimog im Lkw Wörth am Rhein montiert. Der Verfasser bekennt sich gern als Unimog -Fan, hatte

**Der „kleine" Frontsitz-Knicklenker C 240 (42 PS) mäht und sammelt hier mit dem Zapfwellen-Frontsichelmäher und dem Stoll-Grasfang-Bunker**

er doch als Werkstudent Anfang der fünfziger Jahre in Göttingen einige hundert Stunden auf einem der damaligen 25 PS (!) -Unimog absolviert. Kennzeichnend für die damaligen Schlepperleistungen war, dass beim Abfahren von Zuckerrüben aus dem Gartetal zur Zuckerfabrik Obernjesa der Zug mit zwei Anhängern wegen der dortigen Berge zweimal auseinandergehängt werden musste: Dazu wurde erst der hintere Anhänger abgehängt und vom Beifahrer mit Unterlegkeilen gesichert; dann wurde der vordere Anhänger allein den Berg hinaufgezogen und dort vom Beifahrer mit Unterlegkeilen gesichert. Anschließend fuhr der Schlepper mit dem Beifahrer den Berg runter und holte den zweiten Anhänger nach oben, wo der Zug wieder zusammengekoppelt wurde. Wenn wir mit dem grün lackierten Allrad-Unimog, dank Portalachse mit exzellenter Bodenfreiheit und mit Klappverdeck in den Dörfern auftauchten, fragten die Bauern schon mal, ob „der" noch vom letzten Krieg oder für den nächsten Krieg gebaut sei? Zum Glück blieb uns allen ein weiterer Krieg erspart und der stärkste Unimog leistet inzwischen stolze 250 PS.

Nun ein paar Details zu den Frontsitzer-Anbaugeräten im Kommunalbereich, wobei mit ein paar Selbstverständlichkeiten angefangen wird. Ausgesprochen wertvoll sind bei den größeren Holder-Fahrzeugen die Zweimannkabinen und die kleine Hilfsladefläche hinten über dem Motor. Denn ein zweiter Mann wird ebenso oft gebraucht wie diverse handgeführte Geräte für Nebenarbeiten. Nicht selten sieht man, wie der Schlepper mit Frontsichelmäher die großen Flächen mäht und gleichzeitig der zweite Mann mit dem mitgebrachten Rasenmäher die unvermeidlichen Winkel um Blumenbeete, um Verkehrszeichen, Laternen, Bäume oder sonstige Hindernisse handgeführt ausmäht. Außerdem braucht man Sammelsäcke für den Wohlstandsmüll, weitere Handgeräte vom Rechen bis zu Schaufel und Besen sowie Rasendünger, Rasenmäher-Kraftstoff und anderes mehr.

Der Schlüssel zu vielen Frontanbaugeräten ist die Anzahl der Hydraulik-Anschlüsse – paarweise natürlich, jeweils für Vorlauf und Rücklauf des Hydraulik-Öles. Acht Anschlüsse vorn und vier hinten sind die übliche Ausrüstung. Je nach Beanspruchung reicht die Ölkühlung im Fahrzeug, gegebenenfalls ist eine zusätzliche Ölkühlung am Arbeitsgerät vorzusehen. Selbstverständlich ist dervordere Kraftheber ebenso unentbehrlich für die Aushebung der Arbeitsgeräte wie die vordere Zapfwelle für deren Antrieb. Schon vor der Anschaffung sollten sich die Kommunalverwaltungen

**Eine Pflege-Kolonne auf dem Flugplatz Zürich-Kloten. Hier wird nach Bedarf mit dem Front-Schlegelmäher und einem zweiten Fahrzeug mit einer Schwemmanlage zum Fahrbahn-Reinigen gearbeitet**

Da hat sich ein Fahrer ein bißchen zu weit nach links gewagt. Zum Glück hat der breite Front-Schlegelmäher den Sturz abfangen können

Der 1.000 Multipark, ein C 340 (42 PS) konnte im August 1999 an die Stadt Leimen in Nordbaden ausgeliefert werden

Eine Flotte von acht C 200 ging mit randscharf schmal streuenden Kastenstreuern und mit erhöhten Bordwänden an die Stadt Köln

entscheiden, wie die Rasenflächen gepflegt werden sollen: Sollen es absolut vorzeigbare Sport-oder Parkrasenflächen sein, dann bieten sich Spindelmäher an, die freilich eine enge Mähfolge verlangen. Denn sie schneiden ja immer nur die Halmspitzen ab, die dann als rasch abbaubarer Stickstoffdünger wirken. Die wohl meistverlangten Mäher dürften die Front-Sichelmäher sein, bei denen kann man sich ruhig Zeit lassen für den nächsten Schnitt, vor allem dann, wenn ein Schnittgras-Sammeltank hinten auf dem Fahrzeug montiert ist. Um das Schnittgras vom Frontmäher seitlich entlang zum hinteren Sammeltank verstopfungsfrei zu tranportieren, wird meist ein von der hinteren Zapfwelle angetriebenes Sauggebläse eingebaut. Die nächst grobere Methode zum Mähen beziehungsweise Grünwuchs zu beseitigen ist der Schlegelmäher, der mit dem unterschiedlichsten Flächen fertig wird und weder Steine, Maulwurfhaufen oder gelegentliche Fremdkörper übelnimmt. Schlegelmäher gibt es in unterschiedlichen Ausführungen, von denen hier stellvertretend nur die Feinschnitt-Schlegelmäher von Werner (Zweibrücken) und die Humus-Mäher der Maschinenfabrik

**Die Firma Schell in Aachen rüstet ihre Frontsichelmäher mit speziellen Einsätzen (in weißer Farbe) zur feineren Schnittgut-Zerkleinerung aus**

Bermatingen genannt seien, die auch abgeschnittene Obstbaumzweige verarbeiten. Abschließend zu diesen Mähtechnik-Hinweisen sei auf den Busatis-Doppelmesser-Mähbalken am Holder-Motormäher M 1000 aufmerksam gemacht, womit die Reihe der im Kommunalbereich üblichen vier Grünschnitt-Techniken vervollständigt wäre. Praktisch alle genannten Arbeitsgeräte werden am günstigsten im

**Mit den vollhydraulischen Frontmähern der Firma Schell kann man die Drehzahl der Sichelmesser je nach Grasdichte unabhängig von der Fahrgeschwindigkeit einstellen**

Frontanbau verwendet, und das aus zwei Gründen: Die Fahrer der Frontsitz-Schlepper haben eine unvergleichlich gute Sicht auf die Funktion der Geräte und der Grünbewuchs wird geschnitten, bevor er von den Fahrzeugrädern niedergewalzt wird. Diese gute Sicht auf die Geräte, die meist breiter sind als die Fahrzeuge erleichtert übrigens auch die Einfahrt in Tore und Gebäude. Mögen im Privat-und Hobbybereich zahllose Aufsitzmäher und Rasentraktotoren mit Zwischenachsmähern arbeiten, deren Vorderräder das ungeschnittene Gras niederdrücken - im Profibereich zeigen die Frontsitzer, wie es besser geht.

### Im Winterdienst spielen die großen ihre Leistung aus

Es soll nicht vergessen werden, dass die Holder'schen Frontsitz-Knicklenkerwirkliche Ganz-Jahres-Maschinen sind. Deshalb sind auch die Fotos so ausgewählt, dass die verschiedenen, jahreszeitlich bedingten Arbeitsgeräte im Bild erscheinen. Neben dem Fußweg-Kehren spielen die verschiedensten Transporte eine Rolle. Wie sagte doch schon vor Jahren ein Pflegetechnik-Spezialist: Auf die Zentralmaschine – das Trägerfahrzeug – kommt es an, mit den Arbeitsgeräten kann man sich dank genormter Dreipunkt-Anschlüsse auch mal anderweitig helfen.

Wer mit Schnee zu tun hat, kennt sich aus mit lockerem Neuschnee, den man mit der Frontkehrmaschine fegen kann und mit schwerem, feuchten Schnee, der mit dem Räumschild geräumt wird oder mit festem Altschnee, gegen den nur die Schneefräse hilft. Das ist dann ein Fall für die starken großen Frontsitz-Knicklenker, die seit dem Jahr 2001 mit dem damaligen „Flaggschiff" dem Frontsitz-Knicklenker, dem C 9800 (61 kW, 83 PS) verfügbar sind. Für Skilifte und Wintersport-Gastronomen ist die Parkplatz-Räumung keine Frage: Wenn der Parkplatz nicht geräumt wäre, würden keine Gäste kommen! Also beizeiten räumen, dann kommen auch die Gäste.

**Gartenämter und Lohnunternehmer begrüßen es, dass man bei den Schell-Frontsichelmähern die Arbeitsbreite laufend verändern kann**

Bei höherem, härter werdendem Gras kann der C 240 (42 PS) mit seiner unabhängigen Mäh-Hydraulik die Fahrgeschwindigkeit drosseln

Hier hat sich der Fahrer in den Züricher Bergen im zusammengeschobenen Altschnee ein bißchen viel vorgenommen: Trotz Radlastausgleich hebt ein Hinterrad vom Boden ab

Der C 9700 H (70 PS) schafft mit dem Frontlader mehr Platz auf dem Parkplatz. Das Streuaggregat des Aufbaustreuers ist hochgeklappt, Schneeketten sind auch wegen überfrierender Nässe unentbehrlich

Allrad-Fahrzeuge unter sich: Ein C 500 (50 PS) mit Schneefräse und Ladekamin belädt einen Unimog-Anhänger. Die Klappe am Ende des Ladekamins ist zur Einstellung der Wurfweite hydraulisch verstellbar

Die klassische Winterdienst-Kombination: Im Winter 1984 fräst ein 59 PS starker C 500 die Schneewälle am Fahrbahnrand ab, der hinten aufgebaute Streuer ist momentan nicht in Betrieb

Ein C 500 vorm Rathaus in Ottawa, Kanada. Für die dortigen Schneehöhen hat ein regionaler Hersteller eine „Doppelstock"-Schneefräse entwickelt, selbstverständlich mit verstellbarem Auswurfkanal

Hier ist der Schnee so hoch wie die Räder des C 500. Der Ladekamin ist in Wurfweite und in Wurfrichtung hydraulisch verstellbar

# Ein außergewöhnlicher Traktor

von Axel Polnik

Zweiwegefahrzeuge haben in Deutschland zwischenzeitlich weite Verbreitung gefunden. Darunter sind auch Traktoren. Überwiegend handelt es sich dabei um Rangierfahrzeuge, mit denen einzelne Güterwagen auf Anschlussgleisen verschoben werden. In der damaligen DDR waren Zweiwegefahrzeuge nicht sehr verbreitet. Bei den wenigen Fahrzeugen dieser Art handelt es sich um Importe aus Westdeutschland.

Zur besseren Unkrautbeseitigung auf Bahnhofsgleisen waren die in den sechziger Jahren neuentwickelten Unkrautsprengzüge nur bedingt einsetzbar. Die Lösung war ein Zweiwegefahrzeug. Angedacht war zunächst auch der Import von Unimog Zweiwegefahrzeugen aus Westdeutschland. Bei der Konzeption für die Zweiwegefahrzeuge für die Unkrautvernichtung wurde schließlich auf eigene Produkte zurückgegriffen.

Anfang der sechziger Jahre war im VEB Traktorenwerke Schöneberg aus dem Radschlepper RS 09 ein Geräteträge vom Typ GT 122 mit 22 PS Leistung gebaut worden. Bei diesen Traktoren waren alle Antriebsaggregate unter der Achse über dem Führerhaus untergebracht worden. Bis zur zweiten Achse war also noch genügend Stauraum für die Anbringung unterschiedlichster Gerätschaften vorhanden. Die Deutsche

**Auf einem Abstellgleis gegenüber dem Stellwerk des Bahnhofs Niederndodeleben war dieser Zweiwege-Gleisbautraktor am 18. September 1990 anlässlich von Gleisbauarbeiten vorzufinden**

*Foto: R. Günther*

**Anhand des Kfz-Kennzeichens stammt der Gleisbautraktor aus dem Bezirk Rostock und dürfte dem Oberbauwerk Bützow zugewiesen worden sein**
*Foto: R. Günther*

Reichsbahn griff 1967 auf den seit 1962 im VEB Landmaschinenbau Haldensleben produzierten GT 124 mit einem 25-PS-Vierzylinder-Dieselmotor aus dem VEB Motorenwerke Cunewalde zurück.

Insgesamt wurden 20 GT 124 zunächst nur mit einem einfachen Spurführungsschlitten für Bahnhofseinsätze ausgerüstet. Die erforderlichen Aufbauten für den Einsatz als Unkrautsprengfahrzeug für Bahnhofsgleise wurde durch die sieben Oberbauwerke der DR durchgeführt. Diese Zweiwege-Traktoren wurden den Unkrautsprengzügen zugeteilt, die von den Oberbauwerken eingesetzt wurden. Zum Transport dieser Sonderfahrzeuge war ein zweiachsiger Transportwagen vorhanden. Wegen der geringen Höchstgeschwindigkeit dieser Traktoren auf der Straße war ein Ersatz durch Unimogfahrzeuge vorgesehen.

Aufgrund der von der DR Anfang der achtziger Jahre vorgenommenen Neukonzeption der Unkrautsprengzüge waren die vorhandenen Zweiwegetraktoren aber entbehrlich geworden und sind teilweise anderen Verwendungen zugeführt worden. Zur besseren Verwendung wurde die 20 GT 124 noch mit einem hydraulischen Zweiwegefahrgestell der Firma Zweiwege in Rosenheim ausgerüstet. Dieser Umbau wurde in den Oberbauwerken vorgenommen.

Im Oberbauwerk Bützow der DR war 1982 ein GT 124 in einen mobilen Gleisbautrupp umgebaut worden. Der Traktor war in der Lage, einen zweiachsigen Güterwagen mittels einer speziellen Schleppstange zu ziehen. Zur Ausstattung dieses Gleisbautrupps gehören die typischen Gerätschaften für das Trennen sowie Verschweißen von Gleisen, aber auch solche zum Lösen der Gleisschrauben.

Wie viele der 20 Zweiwegetraktoren umgebaut worden waren, lässt sich leider nicht mehr feststellen. Denkbar sind hier auch Verkäufe an LPG. Im September 1990 konnte im Bahnhof Niederndodeleben an der Strecke Helmstedt–Magdeburg ein Traktor vorgefunden werden. Anhand des Rostocker Autokennzeichens dürfte es sich um ein früheres Fahrzeug aus dem Oberbauwerk Bützow handeln, das nach der Wende an ein privates Gleisbauunternehmen verkauft worden war.

Mit diesem mobilen Gleisbautrupp wurde im Bahnhof Niederndodeleben der Rückbau von Gleisen durchgeführt, die im Zusammenhang mit dem Ausbau der Strecke Helmstedt–Magdeburg stehen.

# Neues vom Primus

von Dr. Peter Lange

Einen neuen Primus gibt es natürlich nicht. Der letzte Schlepper verließ 1960 das Miesbacher Primus-Werk. Aber es tauchen immer wieder verschollen geglaubte seltene Exemplare und interessante Details auf. Insbesondere seit dem Erscheinen der Primus-Chronik im Jahr 2004 ist Leben in die Primus-Szene gekommen. Und trotz Finanzkrise sind die Preise für Primus-Traktoren gestiegen.

Werfen wir einen kurzen Blick zurück in das Berlin der dreißiger Jahre. Nach abgebrochenem Ingenieurstudium hatte ein junger Mann namens Johannes Köhler als erster die Idee, Straßenschlepper für den Stadtverkehr zu konstruieren. Vermutlich entstand so der Name „Primus" (lateinisch: der Erste). Er rüstete automobilartige Zugmaschinen mit Deutz-Motoren aus, die bei Spediteuren, Kohlen- und Kartoffelhändlern rasch großen Absatz fanden. 1936 wurden bereits 1212 Stück dieser Straßenschlepper im Primus-Werk in Berlin-Lichtenberg hergestellt. Um auch für die Landwirtschaft produzieren zu können, folgte die Entwicklung des Ackerschleppers P22 mit Zweizylinder-Deutz-Motor. Bereits 1938 baute Köhler aus unbekannten Gründen, aber offensichtlich mit viel Weitsicht, ein Zweigwerk in Miesbach in Oberbayern auf. Hier wurde für kleinere Grünlandbetriebe der „Pony" genannte P11 gebaut. Als einziger Primus hatten der Pony und später die ersten in Miesbach hergestellten P22 eine kurze Motorhaube und einen außen liegenden Tankdeckel.

Noch ein Berliner Produkt war das Versuchsfahrzeug „Packesel". Dieser mit einem 16 PS starken Deutz-

**Zur Präsentation der Primus-Chronik 2004 in Wasserburg am Inn kamen auch ein PD1Z und ein PD2L. Rechts im Hintergrund die Enkelin und die Schwiegertochter des Primus-Fabrikanten J. Köhler** *Quelle: Lange*

**Primus**
**TRAKTOREN-GESELLSCHAFT**
JOHANNES KÖHLER & CO. KOMMANDITGESELLSCHAFT
**BERLIN-LICHTENBERG**

VERKAUFSSTELLE
**MAGDEBURG** - GR. DIESDORFER STR. 64
FERNSPRECHER 33056

HERZBERGSTRASSE 68-70
FERNSPRECHER:
SAMMELNUMMER 55 53 91.
BANK-KONTO:
DRESDNER BANK, DEPOSITEN-KASSE
BERLIN-WEISSENSEE, BERLINER-ALLEE 246
POSTSCHECK-KONTO:
BERLIN NR. 25485.
TELEGRAMM-ANSCHRIFT:
„PRIMUSTRAKTOREN BERLIN"
BAHNSENDUNGEN:
LICHTENBERG-FRIEDRICHSFELDE,
ANSCHLUSSGLEIS.
POSTSCHECK-KONTO: MAGDEBURG NR.10019
DRESDNER BANK, MAGDEBURG,
BREITER WEG 12

Herrn

Richard Kobh,
Landmaschinen,

Remkersleben
Krs. Wanzleben

IHR ZEICHEN: IHRE NACHRICHT VOM: UNSER ZEICHEN: R. TAG: 3.2.39

Bestens dankend bestätigen wir Ihnen den uns freundlichst durch Herrn Ing. E g g e r s übermittelten Auftrag, den wir zu unseren von Ihnen anerkannten Lieferungs- und Verkaufsbedingungen wie folgt in Nota genommen haben:

1 Deutz-Diesel-Ackerschlepper F2M 315, 25/28 PS
in Normalausführung lt. Prospekt,
zum Preise von . . . . . . . . . . . . . . RM. 6.390.--

Mehrpreis:

| | | |
|---|---|---|
| Reifenübergrösse 12,75 - 28" . . . . . . | " | 95.-- |
| Zapfwellenendstück . . . . . . . . . . . | " | 24.-- |
| Wetterschutzdach . . . . . . . . . . . . | " | 215.-- |
| Warnzeichen . . . . . . . . . . . . . . | " | 30.-- |
| Fracht u. Verpackung Köln/Magdeburg . . . | " | 150.-- |
| Gesetzl. Gummiaufpreis . . . . . . . . . | " | 158.-- |
| Gesamtpreis ab Magdeburg . . . . . . . . | RM. | ~~6.754.--~~ 7062 |

lt. Gesetz 5t Fracht anfertig.

Zahlung:
Gegen Kasse innerhalb 8 Tagen nach Rechnungserteilung mit 9 % Händlerrabatt einschl. Kassa-Skonto oder 1/4 Baranzahlung bei Versandbereitschaft, Rest in 2 Drei-Monats-Akzepten, zuzügl. Finanzierungsaufschlag, (Höchstlaufzeit s e c h s Monate.) Sofern Baranzahlung nicht erfolgt, erhalten Sie, wie vereinbart, 6½ % Provision.

Lieferzeit:
Pünktlich 1. Juni 1939, jedoch nicht früher.

Die Maschine geht frachtbilligst und unfrei an:
Otto Schulze, Bauer, P e e t s c h /Mirow, Krs. Stargard/ Mecklbg.

Sorgfältigste Ausführung des Auftrages sichern wir Ihnen zu und zeichnen

mit Deutschem Gruss
Primus Traktoren Gesellschaft
Johannes Köhler & Co. K.-G.
VERKAUFSSTELLE MAGDEBURG

NIEDERLASSUNGEN IN: MAGDEBURG, GR. DIESDORFERSTR. 64, MÜNCHEN, KARLSPLATZ 22 (KONTORHAUS STACHUS)
ERFURT, FRIEDRICHSTR. 7/8.

**Den Briefkopf zierte 1939 noch ein Straßenschlepper. Es wurde im Berliner Werk aber bereits ab 1938 der Ackerschlepper P22 mit Deutz-Motor hergestellt**

*Quelle: Lange*

Motor ausgestattete Geräteträger sollte Arbeitsabläufe in der Landwirtschaft stark vereinfachen. Der Packesel war hydraulischer Kipper, Zugschlepper und Träger von Ansteckgeräten zugleich. Eine Serienherstellung war für das Kartoffelpflanzen und die Rübenernte geplant. Aufgrund der politischen Entwicklungen wurde diese Idee bei Primus jedoch nicht weiter verfolgt.

Nach der Teilung Berlins bei Kriegsende blieb Köhler nur sein kleines Werk in Miesbach. Doch ihm gelang der Wiederaufbau des Unternehmens. Zunächst wurde weiter ein Ackerschlepper P22 hergestellt, allerdings mit MWM-Motor. Es folgte eine ganze Palette kleinerer und größerer Schlepper, bis 1949 einheitlich noch mit Typenschildern aus Berlin.

Um einen eigenen Motor anbieten zu können, engagierte Köhler schließlich den Ingenieur J. Schmuck. Bereits 1948 konnte man den 3D120 und die kleinere Variante, den 2D120, präsentieren. Diese erfolgreichen Motoren kamen aber nicht nur in den Schleppern PD3 und PD2 zum Einsatz, sondern wurden bei der MODAG Motorenfabrik Darmstadt auch in Notstromaggregate eingebaut. Hier erhielten sie zum Teil andere Zylinderköpfe, zu erkennen an unter den Glühkerzen gelegenen, horizontalen Einspritzdüsen. Begeistert erinnert sich Schmuck noch heute, wie sein Motor zur Dauererprobung in einem Lüftungsschacht des Haushamer Bergwerks und zur Verbrauchsmessung im Opel-Lkw Blitz zum Einsatz kam. Nach frühen Versuchen mit Elektroantrieben in Pkw, Lieferwagen und einem Motorschiff verfolgte Köhler diese Idee, die heute wieder sehr aktuell ist, auch im „Elektropionier" weiter. Dabei handelte es sich um PD3, die mittels Generator selbst Strom herstellen konnten. Gedacht waren sie für den Wiederaufbau, die Elektrifizierung in Deutschland war jedoch schneller.

**Dieser P25 zog Holz und Kohlen in Pankow im Berliner Norden. Er wurde besonders in großen Laubenkolonien eingesetzt, wo er auch die schmalsten Wege befahren konnte. 1962 endete sein Arbeitsleben, 1974 wurde er schließlich verschrottet. Einige Teile wurden zum Bau eines selbstkonstruierten Gabelstaplers wieder verwendet**

*Quelle: Lindner*

**Ein unrestaurierter und ein restaurierter P30. Dieser größte der Primus-Straßenschlepper hatte eine Schlepplast von 7,5 t. Im Hintergrund sieht man, dass ein weiterer Primus zum Treffen gekommen ist** *Quelle: Lindner*

**Links: Blick auf den Kurbeltrieb eines Deutz A2M313, eingebaut in einen Straßenschlepper P25 aus dem Jahr 1935** *Besitzer: Kluth*
**Rechts: Dieser schmucke Straßenschlepper fuhr früher für die Weberei Tameling und Stöve in Varel auch weitere Strecken bis nach Hamburg. Hier begeistert er Jung und Alt auf einer Parade von Schaustellerveteranen** *Quelle: Nordwest-Zeitung, Oldenburg*

**Als die ersten Farbschichten abgetragen wurden, tauchte eine Überraschung auf: Der Schriftzug „Primus Elektro", schwarz auf sandgelber Originallackierung. Es handelt sich um einen P20 Elektro-Straßenschlepper, wie sie ab 1942 in Berlin gebaut wurden. 1958 erfolgte ein nachträglicher Umbau mit Deutz-Verdampfer und Lkw-Getriebe** *Besitzer: Otto*

**„Packesel“ wurde dieser Prototyp genannt, der als Vorläufer des Geräteträgers gilt. Dieses landwirtschaftliche Allzweckfahrzeug mit getrennten Sitzplätzen für Vorwärts- und Rückwärtsfahrt wurde 1941 gebaut, es blieb aber bei Versuchsexemplaren** *Quelle: Lange*

Der wesentliche grundsätzliche Unterschied des

# „Primus-Packesel"

gegenüber jedem anderen Ackerschlepper besteht:

**1.** in seiner Ausrüstung mit einem kippbaren Ladekasten.

**2.** in der Möglichkeit, ihn mit den verschiedensten Ansteckgeräten zu versehen und dadurch bisher getrennt durchgeführte Arbeiten nunmehr in einem Zuge mit dem Erfolg größter Arbeits- und Zeitersparnis zu erledigen.

Die unten angeführten Beispiele mögen die vielseitige Verwendungsmöglichkeit beleuchten.

## Die technischen Einzelheiten:

Deutz-Diesel-Motor liegender Bauart 16 PS bei 1200 Umdr./min. mit Verdampfungskühlung. Vier Vorwärts- und vier Rückwärts-Geschwindigkeiten, 3,0—4,6—6,6—13 km/std. Handbremse auf Getriebe, Fußbremse auf große Bremstrommeln der Hinterräder wirkend, neue staub- und wasserdichte Vorderachsschenkellagerung, Bereifung: vorn 5,25—16, hinten Ackerluft 8,00—20.

Ladebühne von 2,20×1,40 m, Kastenhöhe 40 cm, für ca. 1½ to Hackfrucht oder Grünfutter; hydraulisch nach drei Seiten kippbar. Zugleistung auf fester ebener Straße ca. 8 to brutto am Haken größte Wendigkeit des Fahrzeuges, keine Schwierigkeiten für den Lenker beim Wechseln der Fahrtrichtung. Leichteste Bedienung, auch durch nicht vollkräftige Personen.

Die hydraulische Einrichtung nimmt dem Schlepperführer auch das Ausheben und Einsetzen der Ackergeräte, wie Mähbalken, Pflüge, Kartoffelroder, Rübenernte-Geräte usw., ab. Eine einzige Universalstellvorrichtung für die Ansteckgeräte gestattet den Wegfall der sonst an jedem einzelnen fahrbaren Arbeitsgerät nötigen Fahr-, Lenk- und Stellvorrichtungen und dürfte eine erhebliche Preisminderung der Ansteckarbeitsgeräte zur Folge haben.

Die neuartige Anbringung der Mähvorrichtung gestattet den An- oder Abbau ohne jedes Werkzeug innerhalb von 2 Minuten.

Wie bereits erwähnt, liegt jedoch die größte Stärke des neuen Primus-Gerätes in seiner Verwendung als Träger seiner Ansteckgeräte in Verbindung mit dem zur Verfügung stehenden Ladekasten für das Mitführen von Saatgut, Erntegut, Düngemittel und dergl.

Hier wird der Packesel infolge viel geringerem Handarbeitsaufwand eine völlige Umwälzung vieler landwirtschaftlicher Arbeitsverfahren bringen. Durch eingehende praktische Versuche sind einstweilen vorerst zwei Teilgebiete soweit gefördert worden, daß es nur noch notwendig ist, die Serienherstellung der betr. Anbaugeräte in der Fabrik durchzubilden; nämlich die Geräte für das Kartoffelpflanzen und Rübenernten.

Zum **Kartoffelpflanzen** führt der Packesel die Lochsterne an der Vorderfront; auf der Maschine fährt für jede Pflanzreihe eine Hilfskraft mit, welche die Knollen einwirft. Der Saatkartoffel-Vorrat befindet sich auf dem Schlepper im Ladekasten. An der Rückseite des Schleppers laufen die zudeckenden Häufelkörper. Pflanzlochen, Einwerfen der Knollen und Zudecken geschieht also in einem Zug. Es ist nicht nötig, für eine mechanisch und daher nicht ganz sicher arbeitende Kartoffelpflanzmaschine den hohen Anschaffungspreis von ca. 300,— RM pro Reihe aufzuwenden. Die Arbeitsersparnis beim Kartoffelpflanzen beträgt ca. 45% Da die Zudecker zwangsläufig genau in der Mitte zwischen den vorgelochten Reihen gehen müssen, geschieht das Zudecken mit einer sonst nie erreichten Genauigkeit. Außerdem fallen mit einem Schlage alle die vielen Umständlichkeiten des Nachbringens des Pflanzgutes zu den Legerinnen in den Acker hinein fort.

Für die **Rüben-Ernte** (Zuckerrüben, Cichorien, Möhren und ähnliche Wurzeln) pflügt der normale hinter dem Schlepper hängende Pflug möglichst dicht an der geköpften Rübenreihe entlang eine Furche und legt dadurch die Rüben nach der rechten, also der Furchenseite fast frei. In der vorher gepflügten Furche schiebt der Schlepper ein sogenanntes Hubrad vor sich her, welches die Rüben aus dem Boden nimmt und über ein Reinigungsrad nach einem Standbrett fördert, von wo aus ein Mann mittels Rübengabel diese Rüben nach dem Schlepper-Ladekasten auflädt. Der Ladekasten wird am Ackerende abgekippt bzw. auf andere Wagen umgeladen. Alles geschieht wiederum in einem Zug. Der Arbeitsaufwand vermindert sich (gegenüber dem Pommritzer Verfahren) je Morgen Rüben von 26 auf 10 Stunden, also um ca 55%. Dabei hinterläßt diese Ernteweise noch saatfertig gepflügtes Land, was die nachfolgende Wintergetreidebestellung um ca. 14 Tage früher ermöglicht.

Aehnliche neue Arbeitsverfahren (Heu-, Getreide-, Kartoffel-Ernte, Getreidebestellung, Düngerausfuhr mit Unterpflügen) sind in Vorbereitung. Für den Großbetrieb dürfte die weitere Entwicklung dahingehen, neben einem reinen Zughaken-Schlepper einen oder zwei Packesel zu benutzen, was sich wahrscheinlich vorteilhafter gestaltet als die Verwendung mehrreihiger Rüben- usw. Ernte-Geräte.

**Technische Einzelheiten des Primus-Packesel**

*Quelle: Lange*

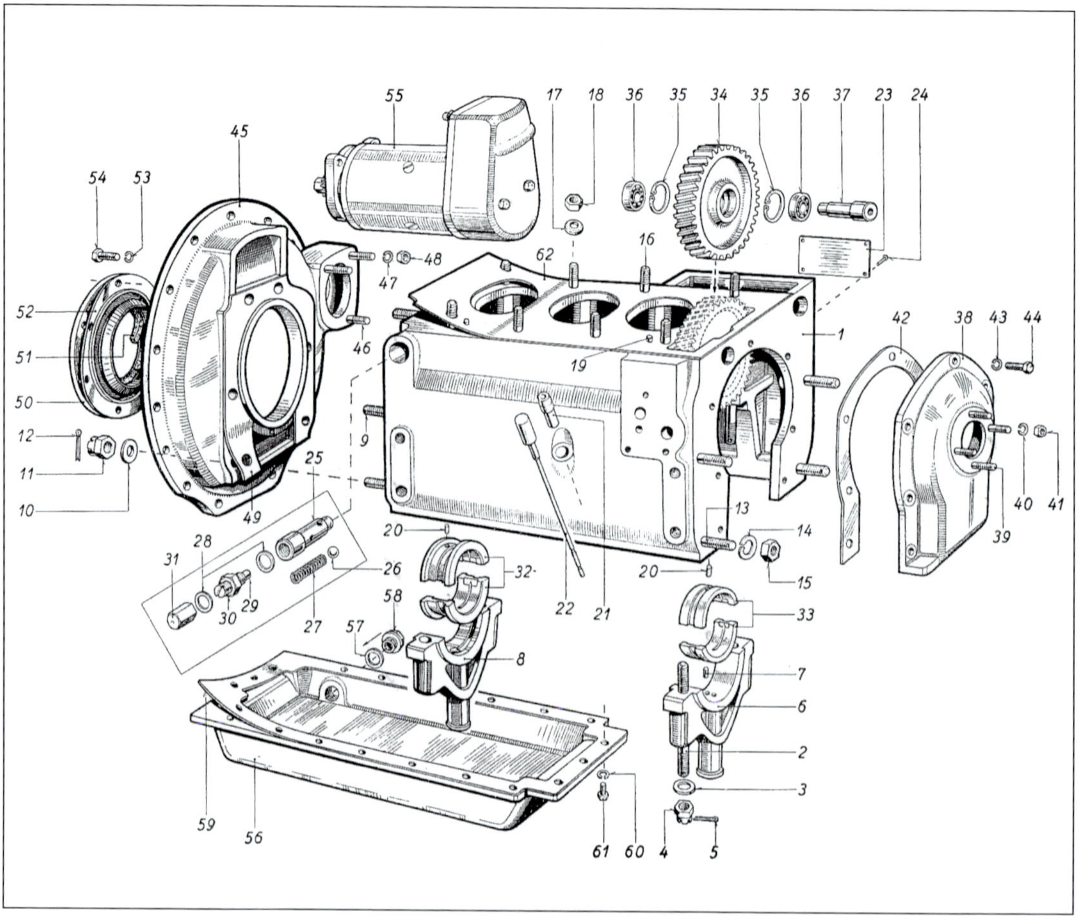


**Ersatzteilliste des Dreizylinder-Primus-Motors 3D120 (Kurbelgehäuse, Getriebeflansch, Ölwanne):** **1** Kurbelgehäuse **2** Stiftschraube **3** Scheibe 17 DIN 125 **4** Kronenmutter M 16x1,5 DIN 935-BG **5** Splint 4x32 DIN 94 **6** Lagerdeckel **7** Kerbstift 6x12 DIN 1474 **8** Passlagerdeckel **9** Stiftschraube **10** Scheibe 17 DIN 125 **11** Kronenmutter M 16x1,5 DIN 935-BG **12** Splint 4x32 DIN 94 **13** Stiftschraube **14** Federring B 16 DIN 127 **15** Sechskantmutter M 16x1,5 DIN 934-8G **16** Stiftschraube **17** Scheibe 17 DIN 125 **18** Sechskantmutter M 16x1,5 DIN 934-8G **19** Kerbstift 8x18 DIN 1474 **20** Kerbstift 6x12 DIN 1474 **21** Büchse für Ölpeilstab **22** Ölpeilstab **23** Motor-Typenschild **24** Halbrundkerbnagel DIN 1476 **25** Ventilkörper **26** Stahlkugel 14 mm Durchmesser **27** Druckfeder **28** Dichtring C 16x22 DIN 7603 **29** Gewindestift **30** Flache Sechskantmutter M 16x1,5 DIN 936-8G **31** Hutmutter **32** Passlager für Kurbelwelle **33** Lager für Kurbelwelle **34** Großes Zwischenrad **35** Sg-Ring 47x1,75 DIN 472 **36** Rillenlager 6204 DIN 625 **37** Zwischenradbolzen **38** Gehäusedeckel **39** Stiftschraube M 8x20 DIN 939-8G **40** Federring B 8 DIN 127 **41** Sechskantmutter M 8 DIN 934-8G **42** Dichtung z. Gehäusedeckel **43** Federring B 8 DIN 127 **44** Sechskantschraube M 8x20 DIN 933-8G **45** Getriebeflansch **46** Stiftschraube M 10x25 DIN 939-8G **47** Federring B 10 DIN 127 **48** Sechskantmutter M 10 DIN 934-8G **49** Dichtung z. Getriebeflansch **50** Abschlussdeckel **51** Filzstreifen 8x8x500 lang **52** Dichtung z. Abschlußdeckel **53** Federring B 8 DIN 127 **54** Sechskantschraube M 8x20 DIN 933-8G **55** Bosch-Anlasser, Bosch-Bezeichnung BNG 2,5/12 CRS 167 **56** Ölwanne **57** Dichtring C 26x34 DIN 7603 **58** Sechskantverschlussschraube A M 26x1,5 DIN 7604 **59** Dichtring z. Ölwanne **60** Federring B 8 DIN 127 **61** Sechskantschraube M 8x20 DIN 933-8G **62** Dichtung z. Zylinderblock

*Quelle: A. Kinshofer*

**Links: Dieser P11 von 1939 mit wassergekühltem 11-PS-Deutz-Motor und Prometheus-Getriebe wurde ins Salzburger Land geliefert und gilt somit als ein Austro-Primus. Ansonsten wurden in Österreich Hatz- und Steyr-Motoren eingebaut** *Besitzer: Hangöbl*
**Rechts: Ab Anfang der sechziger Jahre ruhte der Traktorenbau. Der Betrieb wurde weitergeführt als Primus Maschinen- und Stahlbau Hans Köhler & Co** *Quelle: Kinshofer*

Köhler hat immer versucht, neue Absatzgebiete zu finden. So entstand der Kontakt zu Anton Gottfried in Lamprechtshausen (Salzburg). Mitte der fünfziger Jahre wurden hier etwa 20 „Austro-Primus" zusammengebaut. Die Motoren mussten aufgrund von Einfuhrbeschränkungen jedoch aus Österreich stammen. Der Austro-Primus PDS 18 wurde mit dem Einzylinder-Steyr-Motor WD 113 und Sechsgang-ZF-Getriebe bestückt, andere mit Hatz- (12 PS) und MWM-Motor (AKD 10 Z). Der ehemalige Mitinhaber Peter A. Titus errichtete ein größeres Zweigwerk in Worms. Über die Firma Rast erfolgte der Absatz von Primus-Schleppern

**Gut erhaltener Miesbacher P11 von 1940. Der Kleinschlepper war das Einsteigermodell für oberbayerische Grünlandbetriebe. Optisch unterscheidet sich dieser kleinste Primus neben den ersten Miesbacher P22 von den anderen Primus-Modellen durch den sichtbaren Tankdeckel** *Besitzer: Gröbmeier*

**PD1E – mit 12 PS der zweitkleinste Primus, angetrieben durch einen wassergekühlten Einzylinder-MWM-Motor** *Besitzer: Farwick*

**Sehr ähnlich der PD1Z, hergestellt ab 1956 mit 17 PS starkem, wassergekühltem Zweizylinder-MWM-Motor** *Besitzer: Farwick*

in die Schweiz. Da das Erscheinungsbild des Primus in der Schweiz sehr beliebt war, stellte auch Wahl Traktoren mit ähnlichem Design her. Für Anton Kulmus in Eisenharz schließlich wurden einzelne PD1Z dunkelblau lackiert und als Kulmus KD17 verkauft. Die Primus-Produktpalette wurde mit kleineren beziehungsweise luftgekühlten Fremdmotoren immer mehr erweitert. Für den Export entstanden in Miesbach für damalige Verhältnisse große Schlepper mit 40 beziehungsweise 60 PS starken MWM-Motoren. Einzelne dieser Primus-Giganten U40 und U60, die nach Griechenland und Argentinien ausgeliefert wurden, tau-

**Atlas-Heckbagger an einem PD2 – der Schlepper wird dadurch zum selbstfahrenden Arbeitsgerät** *Besitzer: Pettinger*

**Diese Erfindung wurde 1950 mit Stolz ausgestellt: Ein PD3 mit eingebautem Drehstromgenerator, genannt „Elektropionier". Diese fahrbare Stromquelle sollte beim Wiederaufbau helfen, konnte sich aber aufgrund der raschen Elektrifizierung in Deutschland nicht durchsetzen** *Quelle: Lange*

chen heute wieder auf. Auch die Rarität eines PD4 mit Kämper-Motor hat den Weg nach Deutschland zurück gefunden.

Der frühe Tod Köhlers und geplatzte Großaufträge führten 1958 zum Aus des Schlepperbaus in Miesbach. Immerhin konnte man noch über ein Jahrzehnt als „Primus Maschinen- und Stahlbau" existieren. Unter dem Betriebsleiter A. Kinshofer wurden sehr erfolgreich Kessel, Brückenlager und Sportgeräte hergestellt. Nach der Ausstellung Kinshofers durch den Sohn Köhlers 1971 ging es jedoch mehr und mehr bergab. 1977 erfolgte die Auflösung der Primus-Gesellschaft. Kinshofer, inzwischen selbstständiger Maschinenbauer, übernahm Maschinen und Belegschaft.

Heute sind Primus-Traktoren begehrte Oldtimer. Für einen Scheunenfund braucht man viel Glück und Geduld. Ich hatte beides und kam so zu meinem PD2 von 1957. Er hatte sein landwirtschaftliches Arbeitsleben auf einem Miesbacher Hof verbracht, ohne größeren Schaden zu nehmen. Für die TÜV-Abnahme musste lediglich die Elektrik auf Vordermann gebracht werden. Schwieriger gestalteten sich die Abdichtarbeiten, da die Dichtungen beziehungsweise ein O-Ring am Getriebeflansch, am Getriebe und am Mähantrieb ausgetauscht werden mussten. Neue Sitzbügel konnten nach einem Muster aus Edelstahl nachgebaut werden. Mit neuen Glühkerzen von Bosch (KE/GA 2/1) war auch das Starten kein Problem mehr. Im Zusammenhang mit Ersatzteilbestellungen konnte bei der Firma Robert Bosch GmbH angeregt werden, dass die Ausrüstungslisten für Primus-Traktoren nun online über die Internetseite http://www.automotive-tradition.de im Bereich Wissen verfügbar sind.

Im September 2008 fand erstmals in Miesbach ein großes Primus-Treffen statt. 75 Jahre nach der Gründung der Primus-Traktoren-Gesellschaft mbH in Berlin-Lichtenberg und 50 Jahre nach der Einstellung des Schlepperbaus rollten erstmals wieder Kolonnen der sympathischen blauen Rundnasen durch Miesbach. Schnell erstrahlte der Markplatz in schönstem Primus-Blau. Die fachkundigen Gespräche und freudigen Begegnungen wollten auch nach Stunden nicht abreißen. Und so wird die Geschichte der Primus-Traktoren in den Herzen, Scheunen und Garagen und auf den Treffen der Liebhaber sicher weitergehen.

**Alte und neue Technik – ein PD2L von 1955 „kreiselt" mit der gleichen Ruhe wie das große Windrad** *Besitzer: Meier*

**Auf steileren Flächen ist auch mit Sturzbügel eine Zwillingsbereifung von Vorteil**
*Besitzer: Meier*

| Primus-Modell | Baujahr | Hersteller | Motor-Typ | Zylinder | Kühlung | PS | Bohrung – Hub (mm) | Hubraum ($cm^3$) | Varianten |
|---|---|---|---|---|---|---|---|---|---|
| P22 (Berlin) | –1945 | Deutz | F2M414 | 2 | w | 22 | 100 – 140 | 2200 | Hatz A2 |
| P11 | 1939–45 | Deutz | F1M414 | 1 | w | 11 | 100 – 140 | 1100 | |
| P22 | 1946–49 | MWM | KD215Z | 2 | w | 22 | 100 – 150 | 2356 | MWM KD15Z |
| P14, P15 | 1946–51 | MWM | KDW215E<br>KDW415E | 1 | w | 12–15 | 100 – 150 | 1178 | MWM KD215E |
| PD4/U40 | 1953– | MWM | KDW415D | 3 | w | 36–40 | 100 – 150 | 3534 | Kämper |
| P24 | 1950–51 | MWM | KD415Z | 2 | w | 24 | 100 – 150 | 2356 | |
| P18 | 1949–51 | Primus | 2D120 | 2 | w | 18 | 100 - 120 | 1872 | |
| PD2 | 1951–59 | Primus | 2D120 | 2 | w | 20–24 | 100 – 120 | 1872 | |
| P28 | 1949–51 | Primus | 3D120 | 3 | w | 28 | 100 – 120 | 2808 | Elektropionier |
| PD3 | 1951–59 | Primus | 3D120 | 3 | w | 30–36 | 100 – 120 | 2808 | Elektropionier |
| PD1E | 1952–59 | MWM | KD12E | 1 | w | 12 | 95 – 120 | 850 | |
| PD1EL/B | 1952–59 | MWM | AKD12E<br>AKD112E | 1 | l | 12 | 98 – 120 | 905 | Hatz E85G |
| PD1Z | 1952–60 | MWM | KD11Z<br>KD211Z | 2 | w | 17–18 | 85 – 110 | 1247 | |
| PD1ZL | 1956–60 | MWM | AKD311Z | 2 | l | 17–18 | 90– 110 | 1398 | |
| PD2L | 1953–59 | MWM | AKD12Z<br>AKD112Z | 2 | l | 22–24 | 98 – 120 | 1810 | |
| PD2W | 1953–59 | MWM | KD12Z<br>KD112Z | 2 | w | 22–24 | 95 –120 | 1700 | |
| PD4L | –1959 | MWM | AKD112V<br>AKD312V | 4 | l | 48 | 98 – 120 | 3620 | |
| PD6/U60 | 1954– | MWM | RHS418Z<br>RHS518Z | 2 | w | 60 | 140 – 180 | 5540 | |

Liste aller Motoren, Quelle: Peter Meier

Der drehfreudige und durchzugsstarke luftgekühlte Zweizylinder-MWM-Motor im PD2L ist nach wie vor gut für Erntearbeiten geeignet *Besitzer: Meier*

**Der P18 ist der Vorläufer des PD2, als Antrieb diente bereits der hauseigene wassergekühlte Primus-Motor 2D120** *Besitzer: Meier*

**Ein Problem bei der Restaurierung eines Primus ist, den originalen Farbton möglichst genau zu treffen. Bei diesem PD2L aus dem Jahr 1955 strahlen sogar die Fensterläden in schönstem Primusblau** *Quelle: Lange*

**Links: Ein Primus als Scheunenfund ist eine Rarität und ein großes Glück. Dieser PD2 wartete nach fast 50 Jahren landwirtschaftlicher Arbeit mehrere Jahre auf seinen Finder** *Besitzer: Lange*

**Rechts: Ein halbes Jahrhundert Feldarbeit hat keine größeren Schäden hinterlassen. Die zentralen Dichtungen zum Getriebe und zum Kurbelgehäuse mussten jedoch vom Fachmann erneuert werden. Man sieht das demontierte Schwungrad mit Anlasser-Zahnkranz, das Ausrücklager der Kupplung, außerdem zwei nachgebaute Edelstahl-Sitzbügel** *Quelle: Landtechnik K. Niederlechner*

**Am Getriebeflansch und dem Abschlussdeckel sieht man die Ölspur. Ein neuer O-Ring und eine neue Dichtung schafften Abhilfe. Außerdem wurden der Schmierölfilter abgedichtet, zwei neue Glühkerzen Bosch KE/GA 2/1 eingesetzt und die Einspritzdüsen auf etwa 95 atü eingestellt** *Quelle: Landtechnik K. Niederlechner*

**Damit dem technisch frisch restaurierten PD2 auf Ausflügen und bei Treffen nicht langweilig wird, darf er im Sommer auch etwas „kreiseln“**

*Besitzer: Lange*

**Wenden bis es beim Verdrehen knistert, schwaden, pressen und ab auf den Ballenwagen – Heuernte mit einem PD2** *Besitzer: Lange*

Einst erfand er den legendären Dreizylinder-Primus-Motor 3D120 und später die kleinere Zweizylinder-Variante 2D120. Heute ist der Ingenieur J. Schmuck ein gern gesehener Gast auf Primus-Treffen, dem man nicht genug zuhören kann. Hier inspiziert er einen PD3 und einen PD2
*Quelle: Lange*

Eine Lieblingsidee des Primus-Fabrikanten Köhler war die Verbindung von Schlepperbau und Elektrizität. Dieser PD3 von 1952 wurde nachträglich mit einem Stromaggregat vor allem für die Kreissäge ausgerüstet
*Besitzer: Eggersberger*

**Stolze Besitzer mehrerer Primus-Traktoren, die dem oberbayerischen Hof seit dem Krieg auf dem Feld und im Wald immer treue Dienste geleistet haben – PD2 und P22** *Besitzer: Eggersberger*

**Bekannte Miesbacher Exemplare von Primus-Kleinschleppern: PD1ZL von 1957 mit luftgekühltem Zweizylinder-MWM-Motor mit 18 PS und PD1B von 1956 mit Einzylinder-Hatz-Motor** *Quelle: Lange*

**Familientreffen mit Ingenieur Schmuck bei frischen Schmalznudeln unter Primus-blauem bayerischen Himmel. Von links nach rechts: PD3 von 1956, 1952, 1956, PD2 von 1952, P22 von 1939, PD1B von 1956 und PD1ZL von 1957. Der P22 wurde vom Deutz- auf einen luftgekühlten MWM-Motor umgebaut** *Quelle: Lange*

Primus Schlepper "P 28"
"PD 3"

Motor: (Modag) "3 D 120" 2,8Ltr.-3Zyl.-30...36 PS
4 Takt - Diesel

Baujahr 1950-1957

Bosch-Typenkarte S-PRI 2,8/1-2

Firma: Primus-Traktoren Ges. Joh. Köhler u.Co. KG
Ort: Miesbach / Obb.

Typenkarte S-PRJ 2,8/1-1 vom 1.9.1953 ist ungültig

| | Erzeugnis | Erstausrüstung (bzw. verwendbares Bosch-Erzeugnis) |
|---|---|---|
| Einspritz- bzw. Zünd-Anlage | | Einspritzpumpe / Regler / Förderpumpe |
| | bis Mitte 1952 | 1 PE3A70B310 / 1 RV 250...750A16 / 1 FP/KS 22 A 2 |
| | ab Mitte 1952 | 1 PE3A70B310LS75 / 1 RQV 250...900A14 / 1 FP/KS22AC6/4 |
| | Kupplungshälfte | 1 ZKH 24/27 Z |
| | " | 1 ZKH 74/5 X |
| | Mitnehmer | 1 ZKH 113/1 X |
| | Kraftstoff-Filter | 1 Fremd oder FJ/AF 5/3 |
| | Düsenhalter | 3 KB 35 SA 253 Einspritzdruck 95 atü (ohne Gewähr) |
| | Düsen | 3 DN 12 SD 12 |
| | Glühkerzen | 3 KE/GA 2/1 |
| | Isolator f. Glühkerzen | 3 KEA 8/3 Z |
| | Glühüberwacher | 1 SWJ 27 L 5 Z später SHWJ 7 L 1 Z |
| | Glühkerzenwiderstand | 1 SWJ 10/6 Z |
| Licht-Anlaß-Anl. | Lichtmaschine bis Mitte 57 | 1 RKC 130/12/825 L 1 |
| | Lichtmaschine ab Mitte 57 | 1 RKC 130/12/825 L 208 |
| | Batterie 12 V 84 Ah | 1 Fremd oder BA/12/84/2 früher 12 V 105 Ah fremd oder BA/12/105/2 |
| | Anlasser ab 1954 | 1 EJD 1,8/12 R 33 früher BNG 2,5/12 CRS 167 |

| | Erzeugnis | Erstausrüstung | Glühlampen: | Osram | NGL.. |
|---|---|---|---|---|---|
| Leuchten (mit Glühlampen) | Scheinwerfer | 2 Fremd oder LE/FK 130/5 | B12V35/35W | 7327 | 528/1Z |
| | | | H 12V 2W | 3796 | 893/1Z |
| | Brems-Schluß-Kennzeichenleuchte | 1 Fremd oder QOB 19 | G 12V 5W | 5007 | 877/1Z |
| | | | F 12V 15W | 7530 | 1107/1Z |
| | Schlußleuchte | 1 Fremd oder QOB 31 | G 12V 5W | 5007 | 877/1Z |
| | Anzeigeleuchte rot | 1 Fremd oder JJ 7/9 | H 12V 2W | 3796 | 893/1Z |
| | " blau | 1 Fremd oder JJ 7/14 | H 12V 2W | 3796 | 893/1Z |
| | Blinkleuchten | 2 LE/BA 1 A 4 (Schlepper mit Fahrerhaus) | 12V 15W | 7533 | 362/1Z |

| | Erzeugnis | Erstausrüstung |
|---|---|---|
| Schalter | Schaltkasten | 1 HBA 5 bzw. SH/KSA 3/4 |
| | Glüh-Anlaßschalter | 1 SH/GH 1/2 |
| | Bremslichtschalter | 1 SSH 3/5 Z oder Fremd |
| | Horn-Druckknopfschalter | 1 Fremd (im Lenkrad) |
| | Blinkerschalter | 1 Fremd oder SH/WH 2/2 } Schlepper mit Fahrerhaus |
| | Blinkgeber | 1 Fremd oder SH/BVC 12/1 } Schlepper mit Fahrerhaus |

ROBERT BOSCH GMBH STUTTGART — VDT 6.9.1957

Printed in Germany - Imprimé en Allemagne

| | Erzeugnis | Erstausrüstung (bzw. verwendbares Bosch-Erzeugnis) |
|---|---|---|
| Verschiedenes | Sicherungsdosen | 2 SEA 18 L 1 Z |
| | Steckdose f. Anhänger | 1 VM/DE 5/1 oder Fremd |
| | Stecker f. Steckdose | 1 VM/TE 5/1 oder Fremd |
| | Horn | 1 Fremd oder HO/PCF 12 A 1 |
| | Scheibenwischer | 1 WS/WXC 12 BS 257 |
| | Wischhebel | 1 WSHE 16 Z 21 Z |
| | Wischblatt | 1 WSPA 2 Z 8 Z |
| | Hydraulikpumpe | 1 HY/ZE 16 AR 9 |
| | Kraftheberblock | 1 HY/BH 1/68 A 3 |

**Technische Angaben**

| | |
|---|---|
| Motor Typ | 3 D 120 |
| Kraftstoff | Diesel |
| Nennleistung in PS | 30 / 36 |
| bei Drehzahl / min | 1500 / 1800 |
| Höchstdrehzahl / min | - |
| Leerlaufdrehzahl / min | 800 |
| Hubraum in ltr | 2,835 |
| Bohrung in mm | 100 |
| Hub in mm | 120 |
| Verdichtung | 1:19 |
| Zylinderzahl | 3 |
| Zylinder-Anordnung | Reihe stehend |
| Zündfolge | 1-2-3 |
| Ventilanordnung | obengesteuert, Ventile hängend |
| Arbeitsverfahren | 4 Takt - Diesel Vorkammer |
| Kühlung | Wasser (Pumpe) |

Geschwindigkeit bei n = U/min an KW

| | | | | | |
|---|---|---|---|---|---|
| im 1. Gang | 3,6 | km/h | im 1. Gang | 4,3 | km/h |
| 2. Gang | 5,8 | km/h | 2. Gang | 6,9 | km/h |
| 3. Gang | 8,4 | km/h | 3. Gang | 10 | km/h |
| 4. Gang | 12,2 | km/h | 4. Gang | 14,6 | km/h |
| 5. Gang | 20 | km/h | 5. Gang | 24 | km/h |
| 6. Gang | | km/h | 6. Gang | | km/h |
| Rückw. | 4,5 | km/h | Rückw. | 5,4 | km/h |
| n=1500 U/min | | | n = 1800 U/min | | |

**Zündung**
Antriebsart
Befestigung
Drehzahlverh. KW: Zünder 1:
Zündeinstellung vor OT
Verstellung
Kerzenanordnung

**Einspritzpumpe**
Antriebsart Kupplung
Befestigung Sattel
Förderbeginn vor OT 20° an KW

**Anlasser**
Befestigung SAE-Flansch 1
Ritzel 11 Zähne Modul 3
Zahnkranz 153 - Zähne

**Lichtmaschine**
Antriebsart Zahnrad
Befestigung Sattel
Drehzahlverh. KW: Lichtm. 1:1,8

**Luftpresser**
Antriebsart
Drehzahlverh. KW: Luftpresser 1:

Aufgenommen von: VTE 1/Ri
am: 14.6.50, 9.7.57 in: Stuttgart

Änderungsvorschläge sind an Abt. VTE 1 zu richten

**Typenkarte für Primus P28 und PD3. Alle Ausrüstungslisten sind neuerdings auf der Bosch-Internetseite unter http://www.automotive-tradition.de im Bereich „Wissen" zum kostenfreien Download verfügbar** *Quelle: Robert Bosch GmbH*

Der „Primus-Piccolo" U 12 K 4

Preiswert
Wirtschaftlich
Leistungsfähig

Mehrstufige Anhängekupplung

Anordnung der Pendelachse

## Der neue Schwingfedersitz (DRGMa)

Ein Kunde schreibt uns wie folgt:

Dr. Hugo Wilcken
Landwirt

(24a) Curau bei Lübeck, den
3. Oktober 1949

Firma
Primus Traktoren-Montagewerk
Peter A. T i t u s
W o r m s / Rhein
Hafenstr. 89

Betr.: Neuer Fahrersitz für Schlepper.

Der von Ihnen neu herausgebrachte Fahrersitz für Schlepper, der auf einem winkelig gebogenen Flachstahl montiert ist und der durch zwei Zugfedern das Fahrergewicht und auftretende Stöße federnd aufnimmt, wurde von mir in einem Deutz 11 PS - Bauernschlepper eingebaut. Der Schlepper wird in meinem landwirtschaftlichen Betrieb (75 ha) zu allen vorkommenden Arbeiten herangezogen. Ich selbst als auch die bei mir beschäftigten Fahrer haben den Sitz auf der Straße und vor allen Dingen auf dem Acker in rauher Furche erprobt. Der Sitz nimmt alle Schlepperstöße hochelastisch auf, ohne sie auf den Fahrer zu übertragen, so daß der Fahrer nicht mehr die früheren Ermüdungserscheinungen zeigt und sich auch nicht mehr durchsitzt. Man kann daher ohne gesundheitliche Schädigung nunmehr auch jüngere Kräfte zum Schlepperfahren heranziehen. Besonders günstig ist auch, daß eine Sicherung für auftretende Federbrüche vorgesehen ist, so daß der Fahrer niemals vom Schlepper abstürzen kann. Ich bin Ihnen mit meinen Fahrern besonders dankbar, daß Sie mich auf Ihre Neukonstruktion aufmerksam machten, und ich bin überzeugt, daß jeder Schlepperbesitzer den neuen Sitz für seinen landwirtschaftlichen Betrieb als besonderen Fortschritt begrüßen und einführen wird.

Hochachtungsvoll!

## Technische Daten:

### U 12 K 4

**Motor:** Deutz-Einzylinder-Viertakt-Diesel FlM 414, 12 PS Fahrzeugleistung

**Getriebe und Hinterachse:** ZA-Triebblock Vierganggetriebe: 3.74 – 6.58 – 10.4 – 16.5 – R-Gang 3.74. Differentialsperre und Lenkbremse

**Elektrische Anlage:** Lichtmaschine, Batterie 50 Ah, 2 Scheinwerfer mit Fern-, Abblend- u. Standlicht, 2 Schlußleuchten mit Kennzeichenbeleuchtung, Elektrohorn Glühkerzenanlage. Elektr. Starteranlage 12 Volt auf Wunsch.

**Geräteantriebe:** Riemenscheibe, Zapfwelle, Mähantriebskurbel

**Bereifung:** vorn 5.00 – 16
hinten 8.00 – 20 AL oder
„ 6.50 – 32 HD

**Anbauteile:** Mähvorrichtung mit Messerbalken 5', Schnittart nach Wunsch, Seilwinde mit 50 m Seil wird anstelle von Riemenscheibe und Zapfwelle angebaut, Bergstütze

**Abmessungen:**

| | |
|---|---|
| Länge | 2420 mm |
| Breite | 1500 mm |
| Höhe | 1560 mm |
| Bodenfreiheit | 200 mm |
| Radstand | 1500 mm |
| Spurweite | 1250 mm |

verstellbar auf 1350 mm und 1450 mm
Wenderadius ohne Lenkbremse 2500 mm

**Anhängevorrichtung:** mehrst. Anhängekupplung, verlängerte Ackeranhängeschiene

**Gewichte:** Normalausrüstung mit Riemensch. Zapfwelle und Mähantriebskurbel 1240 kg Mähvorrichtung 155 kg, Seilwinde einschl. 50 m Seil 150 kg

— Änderungen vorbehalten —

TITUS
WORMS

Hafenstraße 89 Telefon 3851/3852

**Primus-Traktoren wurden von der Firma Peter A. Titus in Worms am Rhein, Hafenstraße 89 in Lizenz gebaut** *Quelle: Lange*

**Der Titus-Primus wurde auch im Landwirtschaftlichen Wochenblatt für Westfalen und Lippe von 1949 beworben**

*Quelle: Lange*

**Dieser U40 mit MWM-Dreizylinder-Motor ist vor einiger Zeit in Argentinien wieder aufgetaucht. Bei der Kabine handelt es sich um einen Eigenbau**

*Quelle: Lange*

**Dieser PD6 oder U60, der größte der Primus-Ackerschlepper, kam aus Argentinien über Griechenland und Holland nach Bayern zurück. Irgendwo auf seinem Weg wurde er auf einen Vierzylinder-Hanomag-Motor umgebaut**

*Besitzer: Gröbmeier*

**Titus-Primus U28 aus Worms mit 28 PS starkem MWM-Motor TD15**

*Quelle: Lange*

**Der Primus-Motor 2D120 wurde an die MODAG, Motorenfabrik Darmstadt GmbH geliefert und später dort auch mit anderen Zylinderköpfen gebaut (Bezeichnung R2V 212). Verwendung fand er in Notstromaggregaten. Da man bei der MODAG vor allem große Schiffs- und Baggerdiesel fertigte, bereitete die Herstellung des relativ kleinen Motors gewisse Schwierigkeiten**
*Quelle: Lange*

## Primus Worms

| Bezeichnung | Motor |
|---|---|
| U 11 K 4 „Piccolo“ | Deutz FM 414 |
| U 12 K 4 „Piccolo“ | Deutz FM 414 |
| U 15 K 4 | MWM KDW 215 E |
| U 22 K 4 | Deutz F2M 414 |
| U 22 G 4/5/7 | Deutz F2M 414 oder MWM KD 215 Z |
| U 28 | MWM TD 15 |
| U 33 G 4/5 | MWM TD 15 |
| U 35 G 4/5 | Deutz F2M 417 |

Die Typenbezeichnungen bei Titus waren sehr vielfältig:
U = Universal-Schlepper,
K = Kleinschlepper,
G = Großschlepper,
4–7 = Anzahl der Gänge.
Die späteren Modelle hießen nicht mehr Primus, sondern Titus-Schlepper und Titus-Raupenschlepper.

Quelle: P. Mei

**Anton Kulmus aus Eisenharz im Allgäu hatte vor dem Zweiten Weltkrieg eigene Traktoren konstruiert. Nach 1945 vertrieb er Primus-Traktoren, etwa fünf Exemplare des PD1Z wurden als Kulmus-Primus KD17 in dunkelblauer Lackierung verkauft**
*Quelle: Familie Kulmus*

**Absolute Rarität! Dieser große Primus, von dem wohl nur einzelne Exemplare gebaut wurden, lief ursprünglich mit einem Kämper-Motor. Wie durch ein Wunder ist dieses Exemplar in Belgien wieder aufgetaucht, inzwischen angetrieben von einem Sechszylinder-Ford-Motor mit stolzen 95 PS. Die ursprüngliche Typenbezeichnung lautete PD4, das Baujahr war 1953** *Besitzer: Witte*

**Auch A. Gottfried jun., der Sohn des Herstellers des Austro-Primus, kam zur Jubiläumsfeier nach Miesbach und freute sich, einen Austro-Primus P11 zu treffen**
*Quelle: Lange*

**„75 Jahre Primus" – zu diesem Jubiläum kamen im September 2008 zahlreiche Primus-Liebhaber von nah und fern auf dem Miesbacher Marktplatz zusammen**
*Quelle: Lange*

**In erster Reihe die großen PD3 und PD2**

*Quelle: Lange*

**Alles original – PD3 und Miesbacher Tracht**

*Quelle: Lange*

**Endlich wieder in Miesbach – Ankunft des Autors mit seinem PD2 von 1957 beim Primus-Treffen** *Besitzer: Lange*

# Fendt Xylon Kommunal

**von Oliver Aust**

Mitte der neunziger Jahre präsentiert Fendt mit dem Xylon 500 ein schnelles, universell einsetzbares Systemfahrzeug für Kommunen, Landschaftspflege, Bauwirtschaft und Industriebetriebe. Dieses zukunftsweisende Konzept vereint erstmals Schlagkraft, Mobilität und hohen Komfort mit der Technik und Qualität eines Hochleistungsfahrzeugs. Da, wo die Möglichkeiten herkömmlicher Kommunalfahrzeuge aufhören, beginnen die Stärken des Fendt Xylon.

Fünf Anbauräume und 6 t Nutzlast bei Pflegearbeiten und im Winterdienst sind ein überzeugendes Argument des Schleppers aus Marktoberdorf. Ob Schneefräse, Schneeschild, Salzstreuer, Kehrmaschine, Hubarbeitsbühne, Schlegelmäher oder Bagger/Kran. Der Fendt Xylon lässt in seiner Vielseitigkeit keine Wünsche offen. Das Herz des Xylon besteht aus einem MAN-Konstantleistungsmotor. Dieser überzeugt mit überragender Durchzugskraft und bis zu 33 Prozent Drehmomentanstieg. Ein weiterer Vorteil dieses Motors ist die extreme Sparsamkeit und dem Bestverbrauch von nur 198 g/kWh. So wird bei gleich hoher Arbeitsleistung bis zu 10 Prozent Kraftstoff gespart.

Einen ruckfreien Fahr- und Schaltkomfort bietet die Turbokupplung. Sie verursacht weniger Verschleiß an der Fahrkupplung und schont das Getriebe durch Dämpfung der Motorschwingungen. Bei eingelegtem Gang und kraftschlüssiger Fahrkupplung fährt der Xylon wandlerähnlich nur durch Gasgeben an und beschleunigt ruckfrei bis zur Höchstgeschwindigkeit der Fahrstufe.

Mit dem Turboshift Wendegetriebe stehen im Arbeitsbereich von 3-50 km/h insgesamt 24 Gänge zur Verfügung. Im Kriechgangbereich weitere 20 Gänge. Durch die Höchstgeschwindigkeit von 50 km/h spart

der Xylon gegenüber herkömmlichen 40 km/h Schleppern 20 Prozent Transportzeit. Mit nur einem Schalthebel hat man die komplette Turboshift Technik mit den 44 Arbeitsgängen im Griff. Per Daumenklick werden die vier Lastschaltstufen am Schalthebel bedient. Über die Schiebemuffe lassen sich die serienmäßigen Kriechgänge vorwählen. Das geräumige Fahrerhaus überzeugt mit beispielhaften Sichtverhältnissen und guter Ausstattung. Vor dem Fahrer befindet sich der schlanke Lenkturm mit Armaturendisplay und Bordinformator. Mit der linken Hand werden Wendeschaltung, Lenkradverstellung, Kombischaltung sowie die Heizung bedient. Das ausgeklügelte Heizungssystem mit integrierter Umluftstellung sorgt für perfektes Klima in der Kabine. Auf der rechten Seite des Fahrerhauses befinden sich die Bedienelemente für Hydraulik, Allrad, Zapfwellen und Federung.

Mit der intelligenten Allradautomatik wird beim Mähen der Boden geschont. Im feuchten Gelände sorgt die Elektronik für maximale Zugkraft. Die Allrad- und Differentialsperren werden abhängig von der Geschwindigkeit und vom Lenkwinkel automatisch gesteuert. Der Fendt Xylon besitzt serienmäßig vier Zapfwellengeschwindigkeiten, die vom Fahrer per Tastschalter automatisch gewählt werden können. Für Geräte mit hohem Leistungsbedarf stehen die 540er und 1000er Zapfwelle zur Verfügung. Ist das Gerät angekuppelt, wird die Zapfwelle über die Drucktasten in der Kabine oder vom Schlepperheck aus aktiviert.

Das Herzstück des Hydrauliksystems bilden die besonders kraftvolle Axialkolbenpumpe, die Lenkung, EHR-Kraftheber und bis zu fünf Zusatzsteuergeräte mit bis zu 102 l Ölstrom bei 200 bar Druck. Die Verstellpumpe hat einen hervorragenden Wirkungsgrad, weil die Pumpe bei jedem Arbeitsgerät nur die exakt benötigte Menge an Öl durch entsprechenden Druck fördert. Resultat: Hohe Förderleistung, schnellstes Ansprechverhalten und kürzeste Hubzeiten auch bei niedrigen Drehzalen. Eine hohe Arbeitsqualität wird durch das Front- und Heck EHR erreicht. Erstmalig lassen sich sämtliche Front- und Heckgeräte über den geregelten EHR-Kraftheber in Druck- und Lageregelung komfortabel und präzise steuern.

Die ideale Gewichtsverteilung des Fendt Xylon garantiert volle Schubkraft aller vier Antriebsräder und das Ganze auch ohne Heckballast, selbst bei beladener Frontladerschaufel. Das Zentraldrehgelenk mit Pendelwinkel gewährleistet eine ideale Bodenanpassung und Standardsicherheit durch die Führung der Allradachse.

Beim hydraulisch kippbaren Fahrerhaus sind alle Schlüsselaggregate wie Motor und Hydraulik griffgünstig und leicht zugänglich angeordnet. Das Systemkonzept, die niedrigen Gesamtkosten und der relativ hohe Wiederverkaufswert machen den Xylon zu einer lohnenden Investition. Leider wurde die Produktion des Fendt Xylon eingestellt. Der letzte Neuschlepper verließ 2005 das Fendt Werk in Marktoberdorf.

FENDT

SO 6908
50

# TECHNISCHE DATEN

## Serien- und Zusatzausstattung

| ■ Serienausstattung<br>❑ Zusatzausstattung (auf Wunsch)<br>— nicht möglich | Xylon 520 | Xylon 522 | Xylon 524 |
|---|---|---|---|
| **Fahrerhaus** | | | |
| Anzeigendisplay mit Bordinformator | ■ | ■ | ■ |
| Verstellbares Lenkrad | ■ | ■ | ■ |
| Superkomfortsitz, 20° Sitzdreheinrichtung und pneumatisch einstellbare Lendenwirbelstütze | ■ | ■ | ■ |
| Beifahrersitz gefedert | ■ | ■ | ■ |
| Handgas mit einstellbarem Anschlag | ■ | ■ | ■ |
| Getönte Scheiben | ■ | ■ | ■ |
| Dachscheibe für Frontlader-Einsatz | ■ | ■ | ■ |
| Dachluke | ■ | ■ | ■ |
| Warmwasserheizung mit Dreistufengebläse | ■ | ■ | ■ |
| Klimaanlage | ❑ | ❑ | ❑ |
| Kabineninnenbeleuchtung | ■ | ■ | ■ |
| Scheibenwaschanlage mit Intervallschalter | ■ | ■ | ■ |
| Scheibenwisch- und Waschanlage hinten | ■ | ■ | ■ |
| Mechanisch breitenverstellbare Außenspiegel | ■ | ■ | ■ |
| Halogen-Scheinwerfer (H-4-Licht) | ■ | ■ | ■ |
| Halogen-H4-Zusatzbeleuchtung vorne | ■ | ■ | ■ |
| Halogen-Arbeitsscheinwerfer hinten | ■ | ■ | ■ |
| Schadstoff-Filter | ❑ | ❑ | ❑ |
| Fahrerhaus, hydraulisch seitlich kippbar | ■ | ■ | ■ |
| **Motoren** | | | |
| Turbolader mit Ladeluftkühlung | ■ | ■ | ■ |
| Schnellstartglühkerzen | ■ | ■ | ■ |
| Luftfilter-Vorabscheider | ■ | ■ | ■ |
| Motorwärmer | ❑ | ❑ | ❑ |
| Motorbremse | ■ | ■ | ■ |
| Viscolüfter | ■ | ■ | ■ |
| Motorabstellung über Zündschloß | ■ | ■ | ■ |
| **Getriebe** | | | |
| Variofill-Turbomatik | ■ | ■ | ■ |
| Turboshift-Wendegetriebe mit 4-fach Lastschaltung | ■ | ■ | ■ |
| 50 km/h Höchstgeschwindigkeit[2] | ■ | ■ | ■ |
| **Fahrsicherheit** | | | |
| Vierradbremsanlage | ■ | ■ | ■ |
| Druckluftbeschaffungsanlage | ■ | ■ | ■ |
| Vorderachsfederung, sperrbar | ■ | ■ | ■ |
| EHR-Schwingungstilgung | ■ | ■ | ■ |
| Sicherheitsgurt für Fahrer/Beifahrer | ❑ | ❑ | ❑ |
| **Allrad/Differentialsperren** | | | |
| Komfortschaltung Allrad | ■ | ■ | ■ |
| Komfortschaltung Differentialsperren | ■ | ■ | ■ |
| Automatische Frontdifferentialsperre (Locomatic) | ■ | ■ | ■ |
| Frontdifferentialsperre - 100% Lamellensperre | ■ | ■ | ■ |
| Heckdifferential mit 100% Lamellensperre | ■ | ■ | ■ |
| **Lastschaltbare Zapfwellen** | | | |
| Heck: 540/750/1000/1400 U/min | ■ | ■ | ■ |
| Frontzapfwelle: 1000 U/min | ■ | ■ | ■ |
| Komfortschaltung Frontzapfwelle | ■ | ■ | ■ |
| Komfortschaltung Heckzapfwelle | ■ | ■ | ■ |
| Externbetätigung Heckzapfwelle | ■ | ■ | ■ |
| **Hydraulikanlage** | | | |
| Axialkolbenverstellpumpe | ■ | ■ | ■ |
| Elektrohydraulischer Kraftheber (EHR-D) | ■ | ■ | ■ |
| Externbetätigung Heckkraftheber | ■ | ■ | ■ |
| Elektrohydraulische Fremdregelung Heck/Front | ❑ | ❑ | ❑ |
| Schnellkuppler | ■ | ■ | ■ |
| Kreuzschalthebel | ■ | ■ | ■ |
| Drückender Kraftheber | ■ | ■ | ■ |
| Mechanischer Frontkraftheber | ■ | ■ | ■ |
| EHR-Frontkraftheber (Druck/Lage) mit Externbetätigung Frontkraftheber | ■ | ■ | ■ |
| **Aufbau** | | | |
| Geräteaufbaurahmen Heck | ❑ | ❑ | ❑ |
| Autom. Anhängekupplung hinten (Fernbedienung) | ■ | ■ | ■ |
| Hitch-Anhängekupplung | ❑ | ❑ | ❑ |
| Zugpendel | ❑ | ❑ | ❑ |
| **Farbe** | | | |
| Fahrerhaus gelb RAL 2011 | ■ | ■ | ■ |
| Fahrerhaus Sonderlackierung | ❑ | ❑ | ❑ |

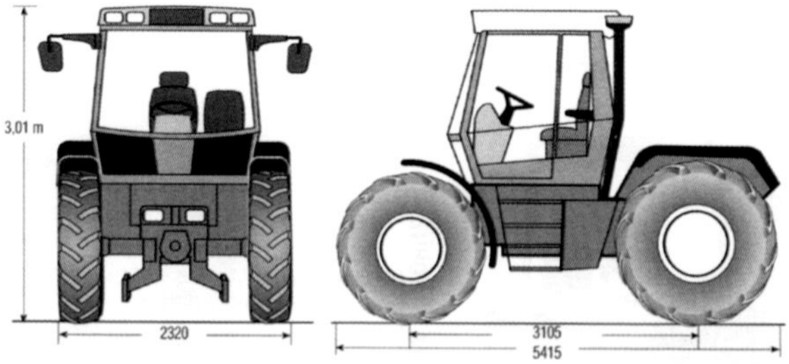


| | Xylon 520 | Xylon 522 | Xylon 524 |
|---|---|---|---|
| **Motor** | | | |
| Leistung (kW/PS) - Euro 1 | 81/110 | 92/125 | 103/140 |
| Zylinderzahl/Kühlung | | 4/Wasser/Turbolader/Ladeluftkühlung | |
| Bohrung/Hub (mm) Hubraum ($cm^3$) | | 108/125/4580 | |
| Max. Drehmoment (Nm/Drehzahl) | 437/1400 | 500/1400 | 568/1400 |
| Konstantleistung | | 2300 - 1900 U/min | |
| Drehmomentanstieg/Nenndrehzahl U/min | 30%/2300 | 31%/2300 | 33%/2300 |
| Tankinhalt/Opt.Kraftstoffverbrauch | | 210 l / 198 g/kWh | |
| **Fahrerhaus** | | 2-Mann-Fahrerhaus, gummigelagert, schallisoliert, hydraulisch kippbar<br>Innengeräusch 72 dB(A) | |
| **Getriebe** | | Turboshift-Wendegetriebe mit 24/24 (Arbeitsgänge) und 20/20 (Kriechgänge), von 0,5 km/h - 50 km/h<br>Höchstgeschwindigkeit 50 [2] / 40 km/h [1] | |
| **Zapfwellen** | | | |
| Lastschaltbare Zapfwellen | | 540/750/1000/1400 U/min | |
| Frontzapfwelle | | 1000 U/min | |
| **Hydraulikanlage** | | Axialkolbenverstellpumpe mit Druck-Mengensteuerung (Load-Sensing), 102 l/min bei 200 bar<br>Serie 5 Steuergeräte, 4 Steuerg. mit Stromregler<br>EHR-Frontkraftheber | |
| Hubkraft Frontkraftheber (kN/kp) | | 38,6/3930 | |
| Hubkraft Heckkraftheber (kN/kp) | 59,3 (6044) | 76,1 (7757) | 76,1 (7757) |
| Max. entnehmbare Ölmenge (l) | | 51 | |
| **Fahrsicherheit** | | Vorderachsfederung mit Niveauregulierung und Sperrung<br>Vierradbremsanlage/Druckluftbeschaffungsanlage | |
| **Allrad- und Differentialsperren** | | Komfortschaltung für Allrad- und Differentialsperren<br>100%-Front- und Heckdifferentialsperre | |
| **Maße und Gewichte** | | | |
| Leergewicht nach DIN 70020 | 6165 kg | 6265 kg | 6360 kg |
| Max. zul. Gesamtgewicht | | 12000 kg | |
| Gesamthöhe (mm) | 3011 | 3011 | 3011 |
| Spurkreisradius (m) | | 5,85 | |

| **Bereifungen** | **Xylon 520 / 522 / 524** | |
|---|---|---|
| | **vorne** | **hinten** |
| **Serie** | 520/65-28 | 520/65-34(16 PR) |
| **Wunsch** | 480/70 R 30<br>(141A8)<br>16.9 - 24 | 520/70 R 34<br>(148A8)<br>16.9 - 30 |

Weitere Sonderbereifungen auf Anfrage

1) auf Wunsch
2) Serie in Deutschland

Angaben und Abbildungen unverbindlich und im Interesse des technischen Fortschritts jederzeit veränderlich.

# Weitere Bücher unseres Verlages

Fordern Sie unser Gesamtverzeichnis an mit Büchern über **Autos**, **Motorräder**, **Lastwagen**, **Traktoren**, **Feuerwehrfahrzeuge**, **Baumaschinen** und **Lokomotiven**:

Verlag Podszun Motorbücher GmbH
Elisabethstraße 23-25, 59929 Brilon
Telefon 02961-53213, Fax 02961-9639900
Email info@podszun-verlag.de
www.podszun-verlag.de

Chronik der in die DDR importierten Schlepper wie Belarus, Zetor, Ursus, Kirowetz, Nati u.a.

128 Seiten, 300 Abbildungen
28 x 21 cm, fester Einband
Bestellnummer **455** EUR **24,90**

Eine lückenlose Typologie der in der DDR gebauten Traktoren mit bisher unveröffentlichten Bildern.

136 Seiten, 310 Abbildungen
28 x 21 cm, fester Einband
Bestellnummer **348** EUR **19,90**

Einzigartige, bisher unveröffentlichte Fotografien aus den besten Jahren des Lanz Bulldog.

168 Seiten, 480 Abbildungen
28 x 21 cm, fester Einband
Bestellnummer **479** EUR **24,90**

Mähdrescher in Deutschland in drei Bänden. Band 1: Bautz, Claas, Dechentreiter, Fahr, Fella, Fendt

136 Seiten, 305 Abbildungen
28 x 21 cm, fester Einband
Bestellnummer **315** EUR **24,90**

Band 2: Fiatagri (Laverda), Fortschritt (MDW), International (Case IHC), John Deere, Ködel & Böhm

160 Seiten, 333 Abbildungen
28 x 21 cm, fester Einband
Bestellnummer **406** EUR **24,90**

Band 3: Lanz, Massey Ferguson, Mengele, New Holland (Ford), Sampo Rosenlew u.a.

144 Seiten, 325 Abbildungen
28 x 21 cm, fester Einband
Bestellnummer **407** EUR **24,90**

Oliver Aust zeigt in kompetenter Weise ungewöhnliche Einsatzfotos von allen MB trac-Baureihen.

120 Seiten, 280 Abbildungen
28 x 21 cm, fester Einband
Bestellnummer **423** EUR **24,90**

Oliver Aust ist seit vielen Jahren in ganz Deutschland den Eicher Traktoren auf der Spur.

144 Seiten, 360 Abbildungen
28 x 21 cm, fester Einband
Bestellnummer **535** EUR **24,90**

Miststreuer und Güllewagen, ausgestattet mit den modernsten technischen Systemen.

110 Seiten, 288 Abbildungen
28 x 21 cm, fester Einband
Bestellnummer **475** EUR **19,90**

Alle wichtigen deutschen Traktoren von den Anfängen bis heute in chronologischer Folge.

144 Seiten, 415 Abbildungen
28 x 21 cm, fester Einband
Bestellnummer **316** EUR **19,90**

Fendt Agrobil S, Dieselmotor im Schlepperbau, Lanz Eil-Bulldog, Tragschlepper u.a.

144 Seiten, 275 Abbildungen
17 x 24 cm, Leinenbroschur
Bestellnummer **499** EUR **14,90**

Dexheimer-Traktoren, Rübezahl von LHB, Zirkus Krone Bulldogs, Dieselschlepper u.a.

144 Seiten, 268 Abbildungen
17 x 24 cm, Leinenbroschur
Bestellnummer **460** EUR **14,90**

MB-trac bei Mändle, Mulag Fahrzeugwerk, Generalvertretung Mayer, Uniknick u.a.

144 Seiten, 280 Abbildungen
17 x 24 cm, Leinenbroschur
Bestellnummer **504** EUR **14,90**

Unitrac, Unimog U20, Unimog-Museum, Urgetriebe des Unimog u.a.

144 Seiten, 285 Abbildungen
17 x 24 cm, Leinenbroschur
Bestellnummer **464** EUR **14,90**

Die erfolgreiche und höchst interessante Geschichte des Fendt GT umfassend aufgearbeitet.

144 Seiten, 500 Abbildungen
28 x 21 cm, fester Einband
Bestellnummer **418** EUR **24,90**

Die Hersteller mit ihren wichtigsten Anbaugeräten sowie die Entwicklung und Funktionsweise.

152 Seiten, 550 Abbildungen
28 x 21 cm, fester Einband
Bestellnummer **441** EUR **29,90**

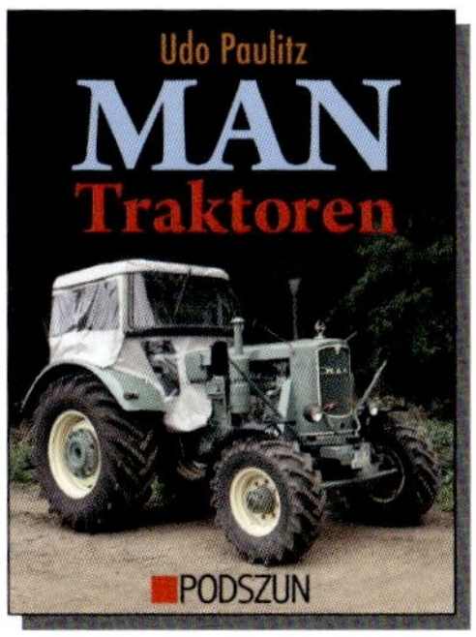


Lückenlose Typologie aller Traktoren dieser legendären Marke mit vielen unbekannten Fotos.

160 Seiten, 470 Abbildungen
28 x 21 cm, fester Einband
Bestellnummer **473** EUR **19,90**

Prospekte und Bilder von der am längsten und erfolgreichsten produzierten Traktorreihe.

144 Seiten, viele Abbildungen
28 x 21 cm, fester Einband
Bestellnummer **511** EUR **24,90**

Unterschiedliche Maiserneverfahren mit Maschinen von Claas, Deutz, Fendt, MB-trac, John Deere u.a.

DVD, 60 Minuten
Bestellnummer **491** EUR **19,90**

Alle deutschen Holzgastraktoren kenntnisreich erklärt, mit vielen Abbildungen und techn. Daten.

176 Seiten, 360 Abbildungen
28 x 21 cm, fester Einband
Bestellnummer **417** EUR **29,90**

Hier kommen die Filme zu den beiden Forstmaschinen-Büchern mit packenden Einsatzszenen.

Ein Film von Oliver Aust
DVD, ca. 60 Minuten
Bestellnummer **538** EUR **19,90**

Spannend anzuschauen, wie die Forwarder, Harvester und Schlepper arbeiten.

Ein Film von Oliver Aust
DVD, ca. 60 Minuten
Bestellnummer **538** EUR **19,90**

# „Kauf' keinen falschen ..."

Nach diesem vernünftigen Grundsatz wird Sie ein guter Maschinenfachmann auch immer beraten.
Und erst recht beim Schlepperkauf sollten Sie sich fragen: Wie groß ist mein Betrieb, wie stark muß der Schlepper sein? Achten Sie dabei vor allem auch auf seine besonderen technischen Vorzüge!
Entscheidend ist zum Schluß immer die **gesamte** Leistung, die sinnreiche und praktische Anordnung der einzelnen Elemente und die Normung wichtiger Anschlußmaße. Wer Qualität zu schätzen weiß, wird auf ihre Vorteile nicht verzichten wollen und auch Sie werden dann bestätigt finden, was tüchtige Landwirte immer wieder betonen:

*mit* FAHR *kommt man vorwärts!*

FAHR